Loïc Assaud

Nano-structures pour l'Energie

Loïc Assaud

Nano-structures pour l'Energie

Fonctionnalisation de substrats par Atomic Layer Deposition

Presses Académiques Francophones

Impressum / Mentions légales
Bibliografische Information der Deutschen Nationalbibliothek: Die Deutsche Nationalbibliothek verzeichnet diese Publikation in der Deutschen Nationalbibliografie; detaillierte bibliografische Daten sind im Internet über http://dnb.d-nb.de abrufbar.
Alle in diesem Buch genannten Marken und Produktnamen unterliegen warenzeichen-, marken- oder patentrechtlichem Schutz bzw. sind Warenzeichen oder eingetragene Warenzeichen der jeweiligen Inhaber. Die Wiedergabe von Marken, Produktnamen, Gebrauchsnamen, Handelsnamen, Warenbezeichnungen u.s.w. in diesem Werk berechtigt auch ohne besondere Kennzeichnung nicht zu der Annahme, dass solche Namen im Sinne der Warenzeichen- und Markenschutzgesetzgebung als frei zu betrachten wären und daher von jedermann benutzt werden dürften.

Information bibliographique publiée par la Deutsche Nationalbibliothek: La Deutsche Nationalbibliothek inscrit cette publication à la Deutsche Nationalbibliografie; des données bibliographiques détaillées sont disponibles sur internet à l'adresse http://dnb.d-nb.de.
Toutes marques et noms de produits mentionnés dans ce livre demeurent sous la protection des marques, des marques déposées et des brevets, et sont des marques ou des marques déposées de leurs détenteurs respectifs. L'utilisation des marques, noms de produits, noms communs, noms commerciaux, descriptions de produits, etc, même sans qu'ils soient mentionnés de façon particulière dans ce livre ne signifie en aucune façon que ces noms peuvent être utilisés sans restriction à l'égard de la législation pour la protection des marques et des marques déposées et pourraient donc être utilisés par quiconque.

Coverbild / Photo de couverture: www.ingimage.com

Verlag / Editeur:
Presses Académiques Francophones
ist ein Imprint der / est une marque déposée de
OmniScriptum GmbH & Co. KG
Heinrich-Böcking-Str. 6-8, 66121 Saarbrücken, Deutschland / Allemagne
Email: info@presses-academiques.com

Herstellung: siehe letzte Seite /
Impression: voir la dernière page
ISBN: 978-3-8416-2773-5

Copyright / Droit d'auteur © 2013 OmniScriptum GmbH & Co. KG
Alle Rechte vorbehalten. / Tous droits réservés. Saarbrücken 2013

A mes chers parents,
A ma grand-mère.

Le futur appartient à ceux qui ont la plus longue mémoire,
Friedrich Nietzsche.

метод важнее открытия,
Lev Landau.

Fatti non foste a viver come bruti, ma per seguir virtute e canoscenza,
Dante Alighieri.

[...] Sur la jonction du Guil et de la Durance, et justement dans la fourche de ces deux rivières, il y a une hauteur supérieure à tout ce qui l'environne, à une bonne portée de canon, inégalement plate par le dessus et escarpée presque à plomb, aux trois quarts de son circuit, de 25, 26 à 30 toises de haut; la gorge de laquelle se peut fermer par un bastion et deux demis de méciocre étendue. Ce lieu me paraît excellent et fait exprès pour la place du monde qui serait la mieux située par rapport à la frontière, à la situation et à nos principales communications, puisqu'elle se trouverait justement dans la rencontre de quatre grandes vallées où débouchent et tombent la plus grande partie des petites du haut Dauphiné et du Piémont et, en un mot, toutes celles qui peuvent nous accommoder et incommoder; ces quatre grandes vallées sont celles de Briançon, d'Embrun, de Queyras et de Vars, dans lesquelles tombent toutes les autres, et généralement tous les chemins petits et grands qui peuvent donner entrée en ce pays-ci [...].
Tout l'avantage en serait pour nous en ce que les approches du haut des Alpes nous deviendraient aisées, au lieu que la difficulté des siens subsiterait toujours [...]. C'est l'endroit des montagnes où il y a le plus de soleil [...]. Et pour conclusion, je ne sais point de poste en Dauphiné, ni même en France, qui puisse lui être comparé [...] et quand Dieu l'aurait fait exprès, il ne pourrait pas être mieux.
Vauban, novembre 1692.

Avant-Propos

La préparation de cette thèse a été l'occasion de découvrir le monde de la recherche et le fonctionnement d'un laboratoire. Le dispositif expérimental n'était pas en place à mon arrivée au laboratoire, et la première année a été consacrée en grande partie à sa mise en place et en fonctionnement.

La réalisation de ce travail de thèse a été possible grâce à la contribution de plusieurs personnes que je souhaiterais remercier. Tout d'abord, je tiens à remercier le Dr. Claude Henry pour m'avoir accueilli au sein de son laboratoire, le Centre Interdisciplinaire de Nanoscience de Marseille. Je tiens à exprimer ma gratitude au Dr. Margrit Hanbücken pour m'avoir permis d'intégrer le groupe de recherche qu'elle dirige. Mes remerciements vont également au Dr. Lionel Santinacci qui a encadré mon travail pendant ces trois années, pour ses conseils avisés et pour son aide. Je voudrais remercier les membres du jury de thèse qui m'ont fait l'honneur d'accepter d'examiner ce travail. Tout d'abord le Pr. Julien Bachmann et le Pr. Philippe Poizot en tant que rapporteurs, le Pr. Elena Baranova comme examinatrice qui a accepté de faire un long voyage pour participer à ma soutenance et le Pr. Suzanne Giorgio pour l'intérêt qu'elle a porté à mon travail.

Je voudrais ensuite remercier les autres membres du groupe SuN pour les discussions scientifiques et les bons moments passés ensemble, notamment Kristina Pitzschel, Eric Moyen et Laurence Masson. J'aimerais remercier à nouveau Elena Baranova pour son excellent accueil lors de ma venue dans le groupe qu'elle dirige à l'université d'Ottawa. Je remercie aussi les membres de son groupe j'ai pu cotoyer.

Merci à tous les chercheurs, ingénieurs et techniciens pour leur aide précieuse, notamment dans l'interprétation des résultats et la caractérisation des échantillons : Serge Nitsche, Damien Chaudanson, Vasile Heresanu, Matthieu Petit, Andres Saul, Alain Ranguis, Sébastien Lavandier, Igor Ozerov, Frédéric Bedu, Clemens Barth, Guy Treglia et Jean-Yves Hoarau. Merci également à Natalie Ferté, Jérémy Murgia, Christopher Genelot et Philippe Bindzi. Merci au personnel administratif : Delphine Simon, Dominique Destre, Valérie Juvenal, Véronique Cosquer, Sophie Gibault et Michèle Poyet.

Je veux également exprimer à nouveau mon profond remerciement à Suzanne Giorgio pour m'avoir permis d'intégrer l'équipe enseignante du département "Matériaux" de l'ESIL, devenue Polytech Marseille, ainsi que l'ensemble des enseignants pour leurs conseils et leur aide : Jean-Manuel Raimundo, Lisa Michez, Matthieu Petit, Vinh Le Thanh, Jean-Marc Gay et Philippe Dumas. Merci aussi à Thérèse Simond.

Je tiens aussi à remercier l'ensemble de mes collègues thésards pour leur sympathie et les très bons moments passés ensemble : Brice, Maël, Roland, Astrid, Monzer, Thibault, Mehdi, Fred, Tuan, Phuong, Mohammad.

Enfin, cette thèse m'a permis de faire une très belle rencontre, merci à toi Nadya, pour tout ton soutien.

Pour terminer, mes remerciements vont à ma famille sans laquelle je n'aurais pas pu réussir à en arriver jusqu'ici. Merci beaucoup à mes parents, à ma grand mère, à ma famille.

Ce travail a été réalisé avec le soutien financier du CNRS et du conseil régional PACA.

Table des matières

Liste des figures	xiii
Liste des tableaux	xix
Abréviations	xxi
Constantes Physiques	xxiii

1 Etat de l'art : dispositifs permettant le stockage et la conversion de l'énergie.   **5**
- 1.1 Introduction 7
- 1.2 Nano-condensateurs multicouches métal–isolant–métal 7
  - 1.2.1 Introduction 7
  - 1.2.2 Domaines d'application 8
  - 1.2.3 Grandeurs caractéristiques d'un condensateur MIM 9
    - 1.2.3.1 Capacité 9
    - 1.2.3.2 Courant de fuite et tension de claquage 10
  - 1.2.4 Fabrication des condensateurs MIM 12
  - 1.2.5 Conclusion 16
- 1.3 Les piles à combustible 16
  - 1.3.1 Introduction 17
  - 1.3.2 Les types de piles à combustible et leurs caractéristiques 17
  - 1.3.3 Principe de fonctionnement 18
  - 1.3.4 Grandeurs caractéristiques d'une pile à combustible 20
  - 1.3.5 Pile à combustible à combustion directe d'éthanol 23
  - 1.3.6 Les catalyseurs à base de palladium 24
  - 1.3.7 Oxydation de l'éthanol sur le Pd 25
  - 1.3.8 Pile à combustible à combustion directe d'acide formique 25
  - 1.3.9 Conclusion 26
- 1.4 Les jonctions p/n dans les dispositifs photovoltaïques 26
  - 1.4.1 Introduction 26
  - 1.4.2 Conduction électrique et matériaux semi-conducteurs 27
  - 1.4.3 Mécanismes de recombinaison d'excitons, jonction p/n 28
  - 1.4.4 Les types de cellules photovoltaïques 30
  - 1.4.5 Conclusion 32
- 1.5 Conclusion du chapitre 32

2 Nano-structures pour l'énergie : fabrication et fonctionnalisation.   **33**
- 2.1 Introduction 35

2.2 Les membranes d'alumine poreuses 36
    2.2.1 Introduction 36
    2.2.2 Mécanismes de croissance des membranes d'alumine 36
    2.2.3 Etapes de fabrication des membranes d'alumine 40
2.3 Les nano-tubes de dioxyde de titane 43
    2.3.1 Introduction 43
    2.3.2 Mécanismes de croissance des nano-tubes 44
    2.3.3 Electrolyte et morphologie des nano-tubes 46
    2.3.4 Structure cristalline des nano-tubes 50
2.4 L'apport de l'utilisation de nano-structures 51
    2.4.1 Matériaux nano-structurés synthétisés par ALD 51
    2.4.2 Applications des matériaux nano-structurés pour l'énergie 52
    2.4.3 Conclusion 54
2.5 Dispositif expérimental de fonctionnalisation
des nano-structures 54
    2.5.1 Principe de croissance par ALD 55
    2.5.2 Chambre de dépôt ALD 57
2.6 Conclusion 60

3 Systèmes métal/isolant/métal pour le stockage de l'énergie.   61
3.1 Introduction 63
3.2 Dépôt des électrodes conductrices de TiN 63
    3.2.1 Motivation dans le choix du matériau 63
    3.2.2 Paramètres expérimentaux 65
    3.2.3 Mécanisme de croissance par ALD 65
    3.2.4 Analyse de la composition chimique 67
    3.2.5 Analyse de la morphologie et de la structure cristalline des films 71
    3.2.6 Caractérisation électrique des films de TiN 74
    3.2.7 Conclusion 76
3.3 Etude du dépôt de Al_2O_3 comme couche isolante 76
    3.3.1 Introduction 76
    3.3.2 Paramètres expérimentaux 78
    3.3.3 Mécanisme de croissance par ALD 78
    3.3.4 Analyse de la composition chimique 79
    3.3.5 Analyse de l'épaisseur et de la rugosité 82
    3.3.6 Conclusion 85
3.4 Etude du dépôt de HfO_2 comme couche isolante 85
    3.4.1 Introduction 85
    3.4.2 Paramètres expérimentaux 85
    3.4.3 Mécanisme de croissance par ALD 86
    3.4.4 Analyse de la structure cristalline et de la morphologie des films 87
    3.4.5 Rugosité de la surface des films 90
    3.4.6 Caractérisations électriques 91
    3.4.7 Elaboration de systèmes MIM 93
    3.4.8 Conclusion 94
3.5 Conclusion du chapitre 95

4 Elaboration de systèmes catalytiques pour l'électro-oxydation de l'acide formique et de l'éthanol. **97**

- 4.1 Introduction 99
- 4.2 Systèmes catalytiques Pd/Ni-NiO pour l'électro-oxydation de l'acide formique . . . 100
  - 4.2.1 Introduction 100
  - 4.2.2 Paramètres expérimentaux 101
  - 4.2.3 Elaboration de films de Ni/NiO par ALD 102
    - 4.2.3.1 Mécanisme de croissance de NiO 102
    - 4.2.3.2 Analyses physico-chimiques des films de NiO 106
  - 4.2.4 Elaboration de nano-particules de Pd par ALD 109
    - 4.2.4.1 Mécanisme de croissance du Pd 109
  - 4.2.5 Caractérisation physico-chimique du Pd 110
  - 4.2.6 Propriétés catalytiques : électro-oxydation de l'acide formique . . 113
  - 4.2.7 Conclusion 115
- 4.3 Systèmes catalytiques Pd/TiO$_2$ pour l'électro-oxydation de l'éthanol 115
  - 4.3.1 Introduction 115
  - 4.3.2 Le support des catalyseurs 116
  - 4.3.3 Croissance des catalyseurs de Pd 116
  - 4.3.4 Composition chimique et cristallinité des catalyseurs 118
  - 4.3.5 Electro-oxydation de l'éthanol 120
  - 4.3.6 Conclusion 124

5 Fonctionnalisation de nano-tubes de TiO$_2$ pour la photo-conversion. **125**

- 5.1 Introduction 127
- 5.2 Croissance par électrochimie de systèmes Cu$_2$O/TiO$_2$ 127
- 5.3 Paramètres expérimentaux 128
  - 5.3.1 Croissance des nt-TiO$_2$ 128
  - 5.3.2 Croissance des agrégats et films de Cu$_2$O 129
- 5.4 Résultats et discussion 129
  - 5.4.1 Caractérisation électrochimique des systèmes Cu$_2$O/nt-TiO$_2$ . . 129
  - 5.4.2 Caractérisation morphologique et structurale des dépôts 131
- 5.5 Conclusion 135

A Microscopie électronique à balayage **141**

B Microscopie électronique en transmission **145**
- B.1 Principe de fonctionnement et éléments du microscope 145
- B.2 Préparation des échantillons 147

C Diffraction de rayons X **149**
- C.1 Les rayons X 149
- C.2 Méthode et mesures 150

D Spectroscopie de photoélectrons induits par rayons X **153**
- D.1 Principe général 153
- D.2 Processus d'excitation 154
- D.3 Instrumentation 155

E Schéma P&ID du réacteur ALD **157**

Bibliographie **159**

Table des figures

1.1 Schéma d'un condensateur métal/isolant/métal réalisé sur support plan ou sur support 3D. ... 8
1.2 Diagramme de bandes d'un condensateur métal/isolant/métal. ... 10
1.3 Diagramme de bandes de conduction des électrons à travers le diélectrique. (a) Conduction Schottky, (b) Conduction Poole-Frenkel, (c) Conduction tunnel direct, (d) Conduction Fowler-Nordheim. ... 11
1.4 Comparaison des techniques de dépôt en termes de vitesse de croissance des films et du taux de recouvrement du support [15]. ... 13
1.5 Diagramme montrant l'énergie de la bande interdite de quelques oxydes en fonctions de leur constante de permittivité électrique [27]. ... 15
1.6 Condensateur MIM dans une structure poreuse d'alumine. Vues en coupe MEB au fond (a) et à l'embouchure (b) des pores [31]. ... 16
1.7 Les piles à combustible peuvent être utilisées aussi bien pour l'automobile (a) que pour des dispositifs électroniques portables (b). ... 18
1.8 Principe de fonctionnement et éléments constitutifs d'une pile à combustible. ... 19
1.9 Principe de fonctionnement d'une pile à combustible à combustion directe d'éthanol. 23
1.10 Exemple de cellule photovoltaïque sur support souple. ... 27
1.11 Diagramme de bandes d'un jonction p/n dans une cellule solaire. ... 29
1.12 Principe de fonctionnement d'une cellule de Grätzel. ... 31

2.1 Schéma des différentes structures à base d'atomes de carbone. ... 35
2.2 Vue de dessus et schéma montrant l'auto-organisation de l'alumine [85]. ... 37
2.3 Illustrations de la formation de poly-domaines du réseau hexagonal d'alumine [90]. 38
2.4 Membrane d'Al_2O_3 parfaitement organisées de manière hexagonale (a,c), carrée (b,d). Pré-marquage réalisé par lithographie interférentielle laser [89]. ... 38
2.5 Comparaison des modes de croissance par anodisations douce et dure [87]. ... 39
2.6 Morphologies des membranes d'Al_2O_3 obtenues par anodisations douce ou dure [87]. ... 39
2.7 Schéma de principe de croissance par oxydation anodique des membranes d'alumine à partir d'un disque d'aluminium. (a) Disque d'aluminium, (b) disque d'Al électro-poli, (c) membrane d'Al_2O_3 après la première étape d'anodisation, (d) préstructuration de l'Al après dissolution de la membrane d'Al_2O_3, (e) membrane d'Al_2O_3 après la seconde étape d'anodisation, (f) membrane libre après dissolution de l'Al, (g) dissolution de la couche barrière. ... 40
2.8 (a,c) Image MEB d'une membrane d'alumine nano-poreuse crue dans une solution d'acide oxalique, seconde anodisation d'une durée de 7h, (b) Vue en section transverse. ... 41
2.9 Image MEB d'une membrane d'alumine vue en face arrière après dissolution de la couche barrière (pores de 40 nm de diamètre). ... 42

2.10 Schéma de principe de croissance par oxydation anodique des nano-tubes de TiO$_2$ à partir d'un substrat massif de Ti. 45
2.11 Illustration la migration des ions aux interfaces métal/oxyde et oxyde/électrolyte en présence ou non d'ions F$^-$ [109]. 45
2.12 (a,b) Image MEB de nano-tubes de TiO$_2$ crus dans une solution aqueuse (NaOH 1 M + H$_3$PO$_4$ 1 M + HF 0,5%) à 20 V pendant 2 h, (c) Vue en section tranverse. 47
2.13 Image MEB de nano-tubes de TiO$_2$ renversés crus dans une solution aqueuse (NaOH 1 M + H$_3$PO$_4$ 1 M + HF 0,5%) à 20 V pendant 2 h. 47
2.14 Courbe j vs. t caractéristique de la croissance de nano-tubes de TiO$_2$ dans en solution aqueuse en présence d'ions fluorures en différentes concentrations. Trois étapes R$_1$, R$_2$ et R$_3$ sont à distinguer. 48
2.15 (a) Diamètre théorique des nano-tubes de TiO$_2$ en fonction de la tension d'anodisation en solution aqueuse. Longeur (b) et diamètre (c) des nano-tubes de TiO$_2$ en fonction de la durée d'anodisation en solution aqueuse. 49
2.16 (a,b) Image MEB de nano-tubes de TiO$_2$ crus dans une solution d'éthylèneglycol + NH$_4$F 1% en masse, (c) Vue en section tranverse. 50
2.17 Evolution de la structure cristalline des nano-tubes de TiO$_2$ après recuit post fabrication à l'air à des températures variant de 450 à 750 °C pendant des durées différentes. 51
2.18 Nano-structures complexes de matériaux élaborées par ALD. (a) Nano-fils hybrides TiO$_2$/SiO$_2$, (b) nano-tube hélicoïdale d'alumine, (c) nano-tubes de HfO$_2$ multi-parois, (d) modulation du diamètre de nano-tubes d'oxyde de fer ferromagnétiques, (e) demi nano-tubes d'Au, (f) ensemble ordonné de structures Pt/TiO$_2$ métal/semi-conducteur multi-parois imbriquées, (g) nano-tiges 3D de TiO$_2$, (h) nano-structures hiérarchiques de ZnO, (i) nano-structuration de substrats, (j) structures de nano-fils cœur-coquille, (k) nano-particules métalliques de Cu supportées sur un nano-tube, (l) hétérostructures de ZnO/Al$_2$O$_3$ synthétisées par effet Kirkendall montrant l'évolution d'un nano-fils vers un nano-tube poreux. [120] 53
2.19 Schéma de principe de cycle ALD, réaction des précurseurs chimiques avec la surface de du substrat. 55
2.20 Illustration de la fenêtre ALD. 56
2.21 Illustration du dispositif expérimental ALD utilisé au cours de cette thèse. . . . 59

3.1 Représentation de la molécule de TDMAT 64
3.2 Diagramme de phase binaire Ti-N 64
3.3 Représentation schématique du mécanisme de croissance du film de TiN. 66
3.4 Analyses XPS d'un dépôt de TiN réalisé sous activation thermique à 250°C. . . 68
3.5 Analyses XPS d'un dépôt de TiN réalisé sous activation plasma à 200°C. 70
3.6 Diffractogramme de rayons X réalisé sur un dépôt de TiN réalisé par ALD par voie thermique à 250°C. 71
3.7 Cliché de diffraction par microscopie électronique en transmission d'un dépôt de TiN sur substrat de Si (100), d'une épaisseur de 65 nm. 72
3.8 Image MET d'un dépoôt de TiN de 65 nm d'épaisseur sur substrat de Si (100) recouvert d'une couche d'oxyde SiO$_2$ natif. 73
3.9 Images MEB d'un dépôt de TiN réalisé sous activation plasma à 200°C(a) et sous activation thermique à 250°C(b) dans une AAO. 74
3.10 Image réalisée au microscope optique des pointes permettant la mesure de la résistivité. 74

TABLE DES FIGURES

3.11 Epaisseur des couches de TiN en fonction du nombre de cycles (a) et mesure de résistivité de films de TiN de différentes épaisseurs (b). 75

3.12 (a) Capacité d'un condensateur MIM supporté sur une membrane d'alumine (AAO) de 15 µm d'épaisseur avec des pores de 40 nm de diamètre, pour différentes épaisseurs données de la couche isolante séparatrice et pour des matériaux de constantes diélectriques différentes. (b) Capacité d'un condensateur MIM supporté sur une membrane d'alumine (AAO) avec des pores de 40 nm de diamètre, pour une couche isolante de 5 nm et pour différentes épaisseurs de membranes (= aires des électrodes conductrices). 77

3.13 Représentation schématique du mécanisme de croissance du film d'Al_2O_3. 79

3.14 Profils ToF-SIMS montrant la composition de films de Al_2O_3 formés en mode thermique (a) et en mode plasma (b). Le nombre de cycles ALD est 350 dans les deux cas. 80

3.15 Caractérisation par XPS de la chimie de surface d'un dépôt de Al_2O_3 réalisé à 250°C. 81

3.16 Caractérisation par éllipsométrie d'un dépôt Al_2O_3 réalisé à une température de 250°C. 82

3.17 Caractérisation par éllipsométrie d'un dépôt Al_2O_3 montrant la variation d'épaisseur du film en fonction de la durée du pulse de TMA et en fonction de la température pour un pulse de 60 ms. 83

3.18 Images AFM montrant la rugosité de la surface d'Al_2O_3 sur Si. 84

3.19 Image AFM montrant la rugosité de la surface d'Al_2O_3 sur Si après recuit. 84

3.20 Représentation schématique des étapes du mécanisme du dépôt d'HfO_2. 87

3.21 Diffractogrammes de rayons X montrant la crystallinité d'un dépôt de HfO_2 sur une membrane d'alumine à différentes températures. 88

3.22 Image MET et cliché de diffraction montrant la morphologie d'un nano-tube de HfO_2 et sa structure polycrystalline. Le nombre de cycles ALD est 150. 88

3.23 Image MEB d'un dépôt de HfO_2 dans une membrane d'alumine. Le dépôt recouvre de façon conforme la membrane jusqu'à une profondeur d'environ 5 µm. Le nombre de cycles ALD est 150. 89

3.24 Image MET (a) et cliché de diffraction (b) montrant la morphologie d'un nano-tube de HfO_2 et sa structure amorphe. Images MET (c) et MEB (d) montrant un nano-tube de HfO_2 polycrystallin. Le nombre de cycle ALD est 150 dans les deux cas. 90

3.25 Image AFM montrant la rugosité de la surface d'HfO_2 sur Si. 91

3.26 Mesures électriques j vs. u pour un dépôt de HfO_2. 92

3.27 Image MET d'un dépôt MIM TiN/HfO_2/TiN sur substrat de Si. 93

3.28 Image MET d'un dépôot 3D MIM HfO_2/TiN/HfO_2 dans une membrane d'alumine. 94

4.1 Représentation schématique du principe de fabrication des nano-catalyseurs Pd/Ni. (a-e) Croissance d'une membrane d'alumine poreuse. (f) Dépôt de NiO par ALD et étape de recuit. (g) Dépôt par ALD de particules de Pd. 101

4.2 Suivi du gain de masse par QCM durant le dépôt de NiO par ALD. (a) Vue générale m vs. t. (b) Vue de la variation de m durant un cycle. 103

4.3 Description schématique du procédé ALD du dépôt de NiO. Suggestion de mécanismes réactionnels A, B et C après exposition au précurseur O_3 durant les étapes 3 et 4 du cycle ALD. 104

4.4 Image MEB d'un dépôt de NiO (en rouge) dans une membrane d'alumine. 106

4.5 Image MET de nano-tubes de NiO. 107

4.6 Image MEB d'un dépôt de NiO dans une membrane d'alumine après recuit sous atmosphère de H_2 à 300°C pendant 3h. 107

4.7 Spectre large XPS du Ni après recuit sous H_2. 108

4.8 Suivi du gain de masse par QCM durant le dépôt de Pd par ALD. (a) Vue générale m vs. t. (b) Vue de la variation de m durant un cycle. (c) Description schématique de la réaction. 109

4.9 (a) Image MEB et (b) image AFM de particules de Pd déposées sur un film de NiO supporté sur Si. 111

4.10 Diffractogramme de rayons X du dépôt de palladium sur Si(100). 112

4.11 Spectre XPS du Pd pour le niveau d'énergie 3d. 112

4.12 Voltammétrie cyclique réalisée sur des catalyseurs Pd/Ni dans H_2SO_4 + HCOOH (a). Valeur du pic anodique centré à $-0,19$ V en fonction du nombre de cycles ALD de Pd (b). 114

4.13 Images MET de nano-tubes de TiO_2 crus en électrolyte aqueux, vue en coupe et vue du dessus. 116

4.14 Nano-particules de Pd supportées sur nano-tubes de TiO_2 après différents nombres de cycles ALD (a) 100, (b) 400, (c) 500, (d) 700, (e) 800 et (f) 900 cycles ALD. . 117

4.15 (a) Image MET montrant les nano-particules de Pd déposées le long des parois d'un nanotube de TiO_2. Encart : vue élargie sur une particule. (b) Image MEB de nanotubes de TiO_2 recouverts de nano-particules de Pd. 118

4.16 Spectre large d'analyses XPS d'un système TiO_2/Pd (500 cycles ALD de Pd). . . 119

4.17 Diffractogramme de RX des particules de Pd déposées sur nt-TiO_2 pour différents nombres de cycles ALD, variant de 300 à 700 cycles ALD par pas de 100. 120

4.18 Voltammétrie cyclique d'un dépôt de nano-particules de Pd sur nano-tubes de TiO_2 réalisé en électrolyte alcalin (1 M KOH). Vitesse de balayage de 20 mV/s. . 120

4.19 Voltammétrie cyclique réalisée dans 1 M KOH + 1 M EtOH à 25 mV/s pour 800 et 900 cycles ALD de Pd. 121

4.20 Voltammétries cycliques réalisées dans KOH 1M + EtOH 1M (a) nt-TiO_2 nus, (b) 500 cycles ALD de Pd sur nt-TiO_2. 122

4.21 Suivi chrono-ampérométrique de l'activité catalytique du Pd en présence d'éthanol durant 1 h. 123

5.1 Image MEB de nano-tubes de TiO_2 crus dans une solution aqueuse ; encart : vue en section transverse. 128

5.2 Voltammétrie cyclique réalisée sur nt-TiO_2 immergés dans la solution de dépôt de Cu_2O à 50°C. Vitesse de balayage 20 mV/s. Une vue élargie de la zone de faible courant est montrée dans l'encart. 130

5.3 Images MEB réalisées sur des structures de Cu_2O déposées par voie électrochimique à différents pH recouvrant des nano-tubes de TiO_2. (a) Dépôt effectué à pH=9, en appliquant une tension continue de $-0,8$ V. (b) Dépôt effectué à pH = 11, en appliquant une tension continue de $-0,8$ V. (c) Dépôt effectué à pH=11, en appliquant 1500 pulses de tension de 0,25 s entre la tension de circuit ouvert et $-0,8$ V, espacés d'un temps de relaxation de 0,75 s. 132

5.4 Image MEB d'une crystallite polyhédrale facettée de lors du dépôt de Cu_2O à pH=9. 133

5.5 EDS réalisée sur des structures de Cu_2O déposées par voie électrochimique à différents pH recouvrant des nano-tubes de TiO_2. 133

5.6 XRD réalisée sur des structures de Cu_2O déposées par voie électrochimique à différents pH recouvrant des nano-tubes de TiO_2. 134

A.1 (a) Emissions de l'échantillon sous l'effet du bombardement électronique incident. (b) Poire de diffusion. 142

A.2 Schéma de la colonne d'observation du microscope électronique à balayage. 143

B.1 Schéma de la colonne d'observation du microscope électronique en transmission. . 147

C.1 Illustration de la diffraction de rayons X et du diffractogramme associé. 150

D.1 Bilan énergétique lors de l'absorption d'un photon dans le cas de l'atome seul (a) et du solide (b). Le potentiel dd au noyau ainsi que les niveaux d'énergie des électrons sont schématisés [214]. 154

Liste des tableaux

3.1	Dépôt de TiN effectué à une température de 250°C.	68
3.2	Dépôt de TiN effectué à une température de 200°C.	69
3.3	Dépôt de TiN effectué à une température de 300°C.	69
3.4	Dépôt deTiN effectué sous activation plasma à une température de 200°C.	71
3.5	Indexation des cercles de diffraction du TiN.	72
3.6	Déconvolution d'un dépôt d'Al_2O_3 réalisé par activation plasma à 150°C.	81
4.1	Résumé des pics de déconvolution du spectre XPS pour le niveau d'énergie Pd 3d.	113

Abréviations

AAO	**A**nodic **A**luminum **O**xide
AFC	**A**kaline **F**uel **C**ell
AFM	**A**tomic **F**orce **M**icroscope
ALD	**A**tomic **L**ayer **D**eposition
ALE	**A**tomic **L**ayer **E**pitaxy
BC	Black Carbon
CA	Chrono **A**mpérométrie
CMOS	**C**omplementary **M**etal **O**xide **S**emiconductor
CV	**V**oltammétrie **C**yclique
CVD	**C**hemical **V**apor **D**eposition
DEFC	**D**irect **E**thanol **F**uel **C**ell
DFAFC	**D**irect **F**ormic **A**cid **F**uel **C**ell
DMFC	**D**irect **M**ethanol **F**uel **C**ell
DRAM	**M**émoire **D**ynamique à **A**ccès **D**irect
DRX	**D**iffraction de **R**ayons **X**
NHE	**E**lectrode **N**ormale à **H**ydrogène
ESM	**E**lectrode au **S**ulphate de **M**ercure
fém	**f**orce **é**lectro **m**otrice
MEB	**M**icroscope **E**lectronique à **B**alayage
MET	**M**icroscope **E**lectronique à **T**ransmission
MIM	**M**étal **I**solant **M**étal
PàC	**P**ile **à** **C**ombustible
PAFC	**P**hosphoric **A**cid à **F**uel **C**ell
PEMFC	**P**roton **E**xchange **M**embrane **F**uel **C**ell
PDL	**P**ulsed **D**eposition **L**ayer

PV	PhotoVoltaïque
PVD	Physical Vapor Deposition
QCM	Quartz Cystal Microbalance
RF	RadioFréquence
SiP	System in Package
SOFC	Solid Oxide Fuel Cell
TDMAT	TetrakisDiMéthylamino Titane
nt-TiO$_2$	Nano-tube de TiO$_2$
TMA	TriMéthyl Aluminium
TEMAHf	TetrakisEthylMéthylamino Hafnium
ToF-SIMS	Spectrométrie de Masse d'Ions Secondaires à Temps de Vol
XPS	Spectroscopie de Photo-électrons X

Constantes Physiques

Permittivité diélectrique du vide	ϵ_0	=	$8{,}85419 \cdot 10^{-12}$ F·m^{-1}
Charge de l'électron	q	=	$1{,}602217733 \cdot 10^{-19}$ C
Masse de l'électron	m	=	$9{,}109 \cdot 10^{-31}$ kg
Constante de Boltzmann	k	=	$1{,}380658 \cdot 10^{-23}$ J·K^{-1}
Constante de Planck	h	=	$6{,}6260755 \cdot 10^{-34}$ J·s^{-1}
Constante des gaz parfaits	R	=	$8{,}314$ J·K^{-1}·mol^{-1}
Constante de Faraday	F	=	$96485{,}309$ C·mol^{-1}

Introduction

Le début du XXIème siècle a été marqué par la prise de conscience collective à la fois des citoyens et des pouvoirs publics des besoins énergétiques croissants de la société dans laquelle nous évoluons et de la nécessaire adaptation de nos habitudes et modes de consommation vis-à-vis de l'énergie. En tentant de rationaliser son utilisation et en trouvant de nouvelles sources et de nouveaux procédés de stockage, les questions liées à l'énergie sont devenues un défi majeur à relever auquel chacun doit participer. Le constat énergétique mondial est alarmant aux vues de la raréfaction des ressources naturelles d'énergies, de leur coût d'exploitation accru et des émissions polluantes qu'elles engendrent parfois sur l'environnement et leur impact sur la biodiversité. Le recours à des énergies alternatives est donc nécessaire et incontournable. Par ailleurs, le développement de nouvelles technologies, l'apparition de dispositifs électroniques portables toujours plus sophistiqués et toujours plus petits (miniaturisation, supports flexibles...), l'utilisation croissante des moyens de transport, et la demande grandissante d'énergie de la part des pays émergents en pleine croissance, requièrent une attention toute particulière quant aux sources d'énergies qui permettent de les faire fonctionner. C'est dans ce contexte alliant énergies vertes d'une part et miniaturisation des sources d'énergie d'autre part, que réside à l'heure actuelle l'un des défis de la Recherche mondiale. Dans son rapport de 2012 sur les perspectives des technologies liées à l'énergie, l'agence internationale de l'énergie (AIE) explique les raisons de l'importance grandissante des systèmes électroniques flexibles dont le fonctionnement allie réseaux intelligents, stockage de l'énergie et production électrique. L'AIE évoque également la possibilité ou non de parvenir avec les technologies disponibles, à ne plus rejeter d'émissions liées à l'énergie à l'horizon 2075 afin de limiter les changements climatiques et les impacts consécutifs sur l'environnement [1]. Or, les sources d'énergies renouvelables proviennent essentiellement aujourd'hui du soleil et du vent, ainsi que du développement de véhicules hybrides rejetant moins de CO_2 dans l'atmosphère. Si l'on considère ces trois options, il reste des contraintes à dépasser dans la mesure où le Soleil ne brille pas la nuit, le vent ne souffle pas sur demande et l'autonomie des véhicules électriques n'est pas satisfaisante pour répondre aux besoins actuels des utilisateurs. C'est ainsi que s'offre la possibilité du développement de nouveaux systèmes de stockage et de conversion de l'énergie [2]. L'apparition de nouveaux matériaux avancés et une meilleure compréhension de leurs propriétés à l'échelle du nanomètre sont dans ce contexte une issue intéressante pour répondre aux besoins énergétiques de la population mondiale d'aujourd'hui, tant dans la vie quotidienne, pour les équipements électroniques et les transports, que dans le monde de l'industrie. Bien que controversées car souvent méconnues, soulevant parfois des questions d'éthique, les nanotechnologies offrent des perspectives considérables dans le développement de ces nouveaux dispositifs, permettant de concilier hautes performances énergétiques, avec un coût réduit et un impact sur l'environnement diminué. Les nanosciences se sont imposées véritablement dans les années 1980 avec la capacité d'observer les atomes, briques élémentaires de la matière, à l'aide du microscope à effet tunnel. Cette découverte a valu l'obtention du prix Nobel de physique par Gerd Benning et Heinrich Rohrer en 1986. A partir de là, les matériaux nanostructurés ont fait l'objet d'une attention toute particulière dans la mesure où en diminuant leurs dimensions jusqu'à l'échelle nanométrique, ils montrent des propriétés mécaniques, électriques ou encore optiques nouvelles et exceptionnelles. Par exemple le dioxyde de titane qui à une couleur blanche lorsque ses grains sont microscopiques, devient quasi transparent lorsque l'on passe à des grains de taille nanométrique. A cette échelle, la combinaison entre les propriétés de volume et de surface des matériaux leur confère de nouvelles fonctionnalités. En effet, en réduisant la taille des éléments constitutifs d'un matériau de manière à former des nano-objets, le nombre d'atomes en surface par rapport au nombre d'atomes dans le volume de l'objet est beaucoup plus grand. De même, si nous comparons un matériau massif avec un matériau poreux présentant des pores très petits sur de grandes surfaces, nous pouvons nous rendre compte aisément que la surface exposée à l'environnement extérieur se trouve augmentée. C'est ainsi qu'en cherchant à augmenter le rapport surface sur volume ou en augmentant le rapport d'aspect (c'est-à-dire le rapport entre la taille de l'ouverture d'un pore et sa longueur) dans le cas de matériaux poreux, la surface spécifique est alors beaucoup plus importante. Les interactions et les échanges entre la surface du matériau et l'environnement dans lequel il se trouve sont alors accrus. De même, plus l'aire efficace d'une *(nano-)*structure est grande, et plus sa fonctionnalisation devrait être performante pour des applications dans divers domaines et particulièrement celui de l'énergie. Deux approches coexistent dans la structuration des surfaces à l'échelle nanométrique : l'approche descendante, ou *top-down*, et l'approche ascendante, ou *bottom-up*. L'approche *top-down* consiste à réduire jusqu'au nanomètre des éléments massifs existants aux tailles macro ou microscopiques par des méthodes de broyage, de compactage, de découpage, de déformation ou de gravure. Les composants nanométriques ainsi créés sont par exemple largement utilisés en microélectronique ou *nanoélectronique*. Dans cette industrie, on utilise ainsi les techniques de lithographie pour masquer certaines zones de la surface et effectuer une modification localisée du substrat. La photo-lithographie demeure la méthode la plus utilisée de nos jours. L'approche *bottom-up* consiste à l'inverse à assembler des briques élémentaires, atomes ou molécules, afin de créer des nano-objets dotés de propriétés particulières. Plus largement, l'élaboration des matériaux faisant appel à des phénomènes d'auto-organisations ou d'auto-assemblages sont inclus dans cette approche. Il est ainsi possible d'obtenir par voies chimiques ou physiques des nano-structures auto-organisées parfois même auto-ordonnées. Les nano-tubes de carbone constituent un bon exemple de cette approche ascendante. Leurs propriétés mécaniques et électriques constituent un réel progrès dans de nombreux domaines. La fabrication de nano-structures selon cette approche trouve ainsi des applications notamment pour le stockage de l'énergie, qui constitue un challenge pour les scientifiques aujourd'hui.

C'est dans ce contexte que notre travail se positionnne. Ce manuscrit se découpe en cinq parties distribuées de la manière suivante. Le premier chapitre décrit l'état de l'art des différents moyens de stockage et de conversion de l'énergie que constituent les condensateurs métal/isolant/métal (MIM) réduits à l'échelle nanométrique, les piles à combustible et la photo-conversion de l'énergie solaire sur des hétérojonctions. Le principe de fonctionnement de chacun de ces dispositifs ainsi que les travaux de recherche entrepris jusqu'à aujourd'hui pour les rendre plus performant sont décrits en détails.

Le deuxième chapitre a pour objet de présenter l'intérêt de l'utilisation de supports nano-structurés, pour les dispositifs de stockage de l'énergie. Un état de l'art des différentes nano-structures disponibles et utilisables dans ces dispositifs est proposé. Les dispositifs expérimentaux mis en jeu lors de ce travail ayant servi à la nano-structuration de plusieurs types de matériaux aux propriétés physiques différentes, tels que les membranes d'alumine poreuse et les nano-tubes de dioxyde de titane sont présentés. Enfin, le dispositif expérimental de fonctionnalisation des nano-structures par dépôt de couches atomiques ou *atomic layer deposition (ALD)* est décrit.

Le troisième chapitre est dédié à la fabrication et à la caractérisation de nano-condensateurs. Ces derniers résultent du dépôt de multicouches métal/isolant/métal (MIM) dans les substrats nano-structurés tels que les membranes d'alumine nano-poreuses décrites dans le chapitre précédent. Ces systèmes sont envisagés comme source d'énergie dans les dispositifs électroniques mobiles, à faible consommation, de type étiquettes intelligentes ou « smart tags ». Le mode de croissance des matériaux utilisés et la caractérisation physico-chimique des dépôts obtenus sont présentés en détails.

Le quatrième chapitre est consacré à la description et à l'étude du dépôt de catalyseurs par ALD. Les propriétés physico-chimiques des nano-particules métalliques ainsi déposées sur substrats nano-structurés sont caractérisées et leurs performances électro-catalytiques sont étudiées. L'application visée est la production d'hydrogène par électro-oxydation catalytique de molécules organiques (acide formique et éthanol) pour les piles à combustible.

Le dernier chapitre rend compte de la fabrication d'une jonction p/n constituée d'une part de nano-tubes de TiO_2, semi-conducteur de type n, et d'autre part de nano-particules de Cu_2O, semi-conducteur de type p. Les nano-tubes sont réalisés par oxydation anodique et les particules d'oxyde cuivreux sont obtenues par électro-crystallisation. Cette jonction p/n peut être utilisée pour des dispositifs de conversion de l'énergie solaire pour des applications photovoltaïques par exemple.

Enfin, une conclusion générale synthétise le travail réalisé et permet de présenter les perspectives à développer dans la suite du programme de recherche initié par ce travail de thèse.

Chapitre 1

Etat de l'art : dispositifs permettant le stockage et la conversion de l'énergie.

1.1 Introduction

Les systèmes de stockage d'énergie les plus répandus encore à l'heure actuelle sont les piles et les accumulateurs qui permettent de stocker de l'énergie électrique en ayant l'avantage d'avoir une bonne autonomie. Cependant, certains systèmes et notamment les systèmes embarqués, nécessitent une forte puissance électrique pendant un certain temps donné, parfois relativement court, que les piles « classiques » ne sont pas en mesure de fournir. Dans ce contexte, plusieurs alternatives aux accumulateurs usuels, alliant performances, impact environnemental réduit et coût moindre, font l'objet d'intensives recherches depuis ces dernières décennies. Parmi ces dispositifs, nous trouvons les supercapacités électrochimiques, les piles à combustibles et plus récemment les super-condensateurs « tout solide » métal/isolant/métal (MIM). Dans cette partie, une description détaillée du fonctionnement des nano-condensateurs MIM et des piles à combustible est proposée. Une description du fonctionnement d'une jonction p/n pour la photo-conversion est également ajoutée.

1.2 Nano-condensateurs multicouches métal–isolant–métal

1.2.1 Introduction

Depuis le début des années 1960, la microélectronique et l'industrie du semi-conducteur ont connu une expansion croissante en cherchant à réduire toujours plus la taille des composants, essayant de défier la loi de Moore [3]. Les composants passifs tels que les résistances ou les condensateurs étaient à leurs débuts assemblés sur des circuits imprimés de manière indépendante. Aujourd'hui, ces composants sont directement intégrés dans des puces et leurs dimensions ne cessent de diminuer. La nouvelle évolution de la microélectronique se situe dans les dispositifs mobiles. En effet, ces appareils sont désormais équipés de modules millimétriques qui contiennent à la fois le processeur, la mémoire ainsi que les périphériques d'interfaces. Ce sont les systèmes sur puces ou *systeme-on-a-chip (SoC)*. Ces dispositifs sont discrètement gravés sur des plaquettes de Si. En les regroupant, des sytèmes peuvent être formés dans une même cellule ou un boîtier, c'est un *system in package (SiP)* [4]. Ces dispositifs sont particulièrement adaptés aux téléphones mobiles. Cependant, il serait intéressant d'y ajouter d'autres fonctions de capteur ou de détecteur et d'y intégrer une source d'énergie pour les rendre complètement autonomes et encore plus miniatures. Les condensateurs MIM constituent ainsi des composants passifs élémentaires permettant d'assurer des fonctions de mémoire, de stockage de signaux électriques, ou encore de source d'énergie pour des dispositifs électriques demandant une forte densité de puissance pendant un temps court donné.

1.2.2 Domaines d'application

Les domaines d'application des condensateurs MIM, qu'ils soient plans ou tridimensionnels, sont très variés. Ils sont généralement intégrés en tant que composants passifs, pour des dispositifs nécessitant un stockage de données du type mémoire dynamique à accès direct (DRAM) [5-7], mais également dans des circuits analogiques en tant que condensateurs radio-fréquence (RF) afin de constituer un filtre permettant de couper des tensions ou fréquences parasites, ou encore en tant que convertisseurs analogique-numérique. Les nano-condensateurs MIM peuvent également être utilisés en tant que guides d'ondes pour des applications dans le domaine de la photonique et de l'optoélectronique [8, 9]. Ils peuvent facilement être intégrés aux SoC et SiP [4, 10]. Pour l'ensemble de ces domaines d'application, les condensateurs doivent présenter une forte densité de puissance, de faibles courants de fuite et souvent une tension de claquage élevée.

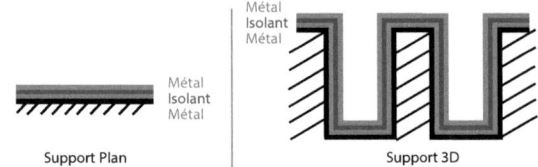

FIGURE 1.1: Schéma d'un condensateur métal/isolant/métal réalisé sur support plan ou sur support 3D.

La figure 1.1 schématise un condensateur MIM élaboré sur un support plan et sur un support tridimensionnel. Comme la capacité d'un condensateur est proportionnelle à la surface des électrodes, il est clair que la structure 3D présente un avantage certain en termes de performances par rapport au système plan. Ce sont ces types de structures 3D qui nous ont plus particulièrement intéressées dans la suite de ce manuscrit.

1.2.3 Grandeurs caractéristiques d'un condensateur MIM

1.2.3.1 Capacité

De manière générale, un condensateur, qu'il soit macroscopique ou nanométrique, est composé d'un empilement de deux électrodes conductrices séparées d'un matériau isolant, le diélectrique. La grandeur qui caractérise le condensateur est sa capacité (C), exprimée en farad (F) ou encore sa densité de capacité, exprimée par unité de surface. La valeur de la capacité d'un condensateur MIM est ainsi calculée à partir de la formule générique suivante :

$$C = \frac{\epsilon_0 \epsilon_r S}{e} \quad (1.1)$$

Cette relation permet d'identifier les caractéristiques du condensateur qui peuvent être optimisées afin d'accroître ses performances. D'une part, la capacité est directement proportionnelle à l'aire S des électrodes conductrices qui composent le condensateur. D'autre part, la couche isolante séparant les armatures métalliques joue un rôle double puisque la capacité est inversement proportionnelle à son épaisseur e mais également proportionnelle à la constante diélectrique ϵ_r du matériau constitutif de cette couche. Enfin, ϵ_0 définit la constante de permittivité diélectrique du vide. Ces trois grandeurs sont donc les paramètres clés devant être optimisés pour accroître la capacité du condensateur. Nous les avons donc caractérisés et nous avons tenté de les optimiser durant ce travail de thèse (cf. chapitre 3).

La figure 1.2 représente un diagramme de bandes en énergie d'un condensateur MIM. Les différentes grandeurs physiques caractérisant les niveaux énergétiques des électrodes métalliques conductrices et du matériau isolant les séparant sont présentées sur ce schéma. Ainsi χ représente l'affinité électronique du matériau diélectrique. Cette grandeur correspond à l'énergie nécessaire à un électron pour être extrait de la bande de conduction vers le niveau du vide sans vitesse initiale (q représente la charge de l'électron). Les travaux de sortie des électrodes métalliques sont respectivement notés ϕ_{M1} et ϕ_{M2}. Le travail de sortie d'un matériau conducteur est ainsi l'analogue de l'affinité électronique pour un matériau isolant. Il représente l'énergie à fournir à un électron pour être extrait vers le niveau du vide. Le matériau conducteur est également caractérisé par son niveau d'énergie propre appelé niveau de Fermi (notés E_{F1} et E_{F2} respectivement pour les métaux considérés à la figure 1.2). Enfin, la différence entre le travail de sortie de l'électrode conductrice et l'affinité électronique du diélectrique définit la hauteur de barrière ϕ_0 que l'électron doit franchir pour passer d'une électrode à l'autre.

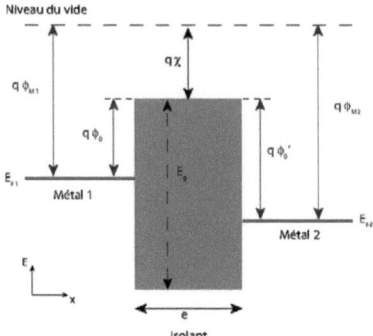

FIGURE 1.2: Diagramme de bandes d'un condensateur métal/isolant/métal.

1.2.3.2 Courant de fuite et tension de claquage

– *Courant de fuite*

Selon la hauteur du potentiel à franchir et suivant la forme du potentiel énergétique du diélectrique, qu'il soit rectangulaire ou bien trapézoïdal dans le cas d'électrodes conductrices qui n'auraient pas le même travail de sortie, lorsqu'un champ électrique E est appliqué entre les électrodes du condensateur, des charges peuvent circuler d'une électrode à l'autre en traversant le diélectrique entraînant un courant de fuite. Ce courant est défini comme étant la quantité de charges circulant à travers le matériau isolant sous l'effet de la tension U appliquée aux bornes du condensateur régi par la relation suivante :

$$E = \frac{U}{e} \qquad (1.2)$$

Plusieurs modèles sont proposés afin de caractériser le mode de conduction au travers du diélectrique suivant les conditions d'application du champ électrique. Ces modes sont représentés par le diagramme de bandes en énergie de la figure 1.3.

Le mode de conduction apparaissant pour des champs électriques faibles (E <0,5 mV/cm^2) et des températures élevées ($T > 200°C$) est généralement du type conduction Schottky. Les électrons franchissent la barrière de potentiel ϕ_0 en passant au-dessus (figure 1.3a). Le courant de fuite j a alors pour expression [11, 12] :

$$j = \frac{4 \cdot \pi \cdot m^* \cdot (k \cdot T)^2}{h^3} \cdot \exp\left(-\frac{q}{k \cdot T}\left(\phi_0 - \sqrt{\frac{q \cdot E}{4 \cdot \pi \cdot \epsilon_r}}\right)\right) \quad (1.3)$$

où k représente la constante de Boltzmann, m^* la masse apparente de l'électron et h la constante de Planck.

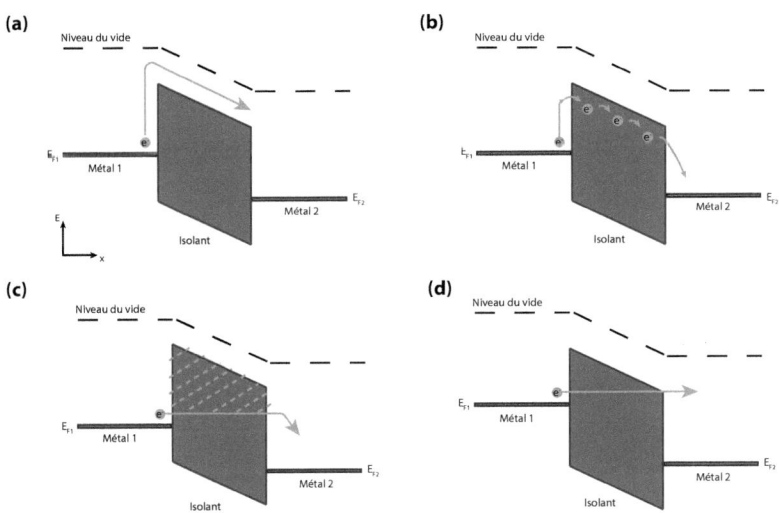

FIGURE 1.3: Diagramme de bandes de conduction des électrons à travers le diélectrique. (a) Conduction Schottky, (b) Conduction Poole-Frenkel, (c) Conduction tunnel direct, (d) Conduction Fowler-Nordheim.

Dans le cas où l'électron ne possède pas une énergie suffisante pour franchir la barrière de potentiel, celui-ci traverse le diélectrique par effet tunnel. La forme du potentiel est alors trapézoïdale (figure 1.3c). Lorsque le champ électrique est intense, la barrière de potentiel du diélectrique se voit abaissée et la forme du potentiel devient triangulaire (figure 1.3d). Dans ce cas là, l'expression du courant de fuite devient alors [13] :

$$j = \frac{m \cdot q^2}{8 \cdot \pi \cdot h \cdot m^* \cdot \phi_0} \cdot E^2 \cdot \exp\left(-\frac{8 \cdot \pi \cdot \sqrt{2 \cdot m^* \cdot q}}{3 \cdot h} \cdot \frac{\phi_0^{3/2}}{E}\right) \quad (1.4)$$

Enfin, lorsque le champ électrique est très intense, les électrons franchissent la barrière de potentiel en se déplaçant de piège en piège dans le diélectrique. Il s'agit de l'effet Poole-Frenkel [14].

– *Tension de claquage*

La tension de claquage du condensateur correspond à la tension à partir de laquelle les propriétés isolantes du diélectrique deviennent complément altérées. A partir de cette tension, le courant de fuite traversant la couche isolante du condensateur devient très grand. Afin de garantir une bonne longévité au condensateur MIM, sa tension de claquage doit être suffisamment élevée, combinée avec un courant de fuite faible. Pour des condensateurs MIM intégrés à des microdispositifs électroniques, la tension de claquage doit typiquement se situer dans la gamme 5 à 10 V.

1.2.4 Fabrication des condensateurs MIM

Selon la méthode de dépôt utilisée pour réaliser les électrodes conductrices du condensateur, la gamme de matériaux disponibles est différente. Il en est de même pour la couche diélectrique. En fonction de l'application visée et du dispositif final dans lequel le condensateur MIM doit être intégré, les interfaces électrode/diélectrique et diélectrique/électrode jouent également un rôle très important. Dans ce paragraphe, une liste non exhaustive des principales techniques permettant la fabrication des condensateurs MIM est proposée. Les différents matériaux servant comme électrodes et comme diélectriques sont présentés ainsi que leur mode de dépôt.

– *Techniques de dépôt*

Parmi les différentes méthodes de dépôt possibles, certaines permettent de déposer directement le métal souhaité. C'est le cas de la famille des dépôts physiques en phase vapeur regroupés sous l'acronyme PVD pour *physical vapor deposition*. Dans ces techniques, le métal est évaporé et dirigé vers l'échantillon à recouvrir. Pour cela, on peut simplement chauffer un creuset contenant le métal à déposer, c'est la méthode d'évaporation. On peut aussi arracher les atomes de la cible à l'aide d'un plasma ou d'un faisceau électronique. Ce sont respectivement les méthodes de pulvérisation cathodique et d'évaporation électronique. Dans ce cas, les dépôts sont très directifs et ne permettent pas de tapisser des structures tridimensionnelles présentant un fort rapport d'aspect. De plus, la taille des grains métalliques obtenus est relativement grande et donc le dépôt n'est pas adapté aux objectifs recherchés ici. Ce type de techniques a tout de même l'avantage d'être facile à mettre en œuvre et la rapidité de dépôt est notable. D'autres méthodes consistent à faire réagir des précurseurs chimiques en phase vapeur (ou *chemical vapor deposition, CVD*) de manière à obtenir le matériau souhaité, les atomes ou les molécules étant par la suite adsorbés à la surface de l'échantillon. Cette méthode permet des dépôts de bonne qualité avec une meilleure conformité sur des structures tridimensionnelles. Une autre technique de dépôt, l'ALD (*Atomic Layer Deposition*), proche du principe CVD, consiste à injecter dans la chambre de dépôt les précurseurs de manière alternative, ce qui leur permet de réagir directement avec la surface active de l'échantillon et autorise ainsi un dépôt particulièrement conforme et de bonne qualité sur de grandes surfaces et notamment sur des nano-structures 3D ; l'inconvénient de cette dernière technique est, entre autres, la faible vitesse de dépôt. Il s'agit d'une technique reposant sur le principe de l'auto-limitation, c'est-à-dire que lorsque tous les sites actifs (terminaisons –OH, par exemple) sont occupés, les molécules n'ayant pas réagi sont évacuées de la chambre de dépôt. Vu les applications considérées ici, qui requièrent un dépôt de bonne qualité sur des structures à fort rapport d'aspect, c'est le procédé ALD qui a été retenu. Un descriptif plus détaillé de cette technique est donné dans le chapitre 2.

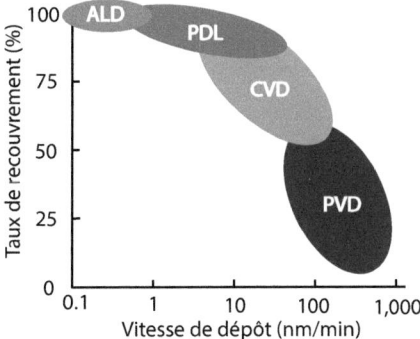

FIGURE 1.4: Comparaison des techniques de dépôt en termes de vitesse de croissance des films et du taux de recouvrement du support [15].

La figure 1.4 montre le taux de recouvrement d'un support suivant la méthode de dépôt choisie. Ainsi, dans le cas de structures à fort rapport d'aspect, il paraît plus judicieux d'utiliser la méthode ALD afin de permettre un recouvrement maximal de sa surface réelle. La technique PDL (*Pulsed Deposition Layer*) est une technique ALD permettant le dépôt de plusieurs couches atomiques ou moléculaires à la fois [15].

– *Matériau constitutif des électrodes conductrices*

La méthode ALD permet le dépôt de métaux purs mais également de nitrures conducteurs. Ces derniers sont d'ailleurs plus généralement utilisés. Une revue des principaux matériaux déposés par ALD est proposée dans la référence [16]. Cependant, il est à noter que le dépôt de métaux par ALD reste à l'heure actuelle plus difficile que le dépôt de nitrures ou d'oxydes. De plus, comme nous le verrons plus loin, lors du dépôt de métaux sur des oxydes, l'énergie de surface du métal comparée à celle de l'oxyde favorise généralement la formation de particules plutôt que d'un film continu. Or, pour des applications de type MIM, l'objectif est d'obtenir un film conforme et parfaitement continu, avec une faible rugosité, de manière à recouvrir la totalité de la surface du support à fonctionnaliser et d'avoir des interfaces lisses entre les électrodes conductrices et l'isolant. Parmi les matériaux conducteurs qui peuvent être déposés par la méthode ALD, nous pouvons citer les nitrures de tungstène (WN) [17], de tantale (TaN) [18], ou encore de titane (TiN). C'est sur ce dernier matériau que l'étude présentée ici a été focalisée. Les précurseurs chimiques utilisés sont généralement des composés organométalliques ou halogénés ayant une pression de vapeur saturante élevée de manière à augmenter leur réactivité et faciliter leur diffusion jusqu'au substrat. Les mécanismes de croissance ALD seront abordés aux chapitres 2 et 3. La conductivité du film de TiN dépend de la nature du dépôt, de sa qualité, de sa conformité, de son épaisseur et de sa structure cristalline [19]. Bien que le TiN ait tendance à s'oxyder facilement et à former des couches interfaciales de TiO_2 [20], c'est un matériau qui est largement répandu dans la microélectronique et présente un travail de sortie élevé. Enfin, la technique ALD permet le dépôt de couches de TiN avec une épaisseur contrôlée.

– Matériau diélectrique à forte permittivité diélectrique

Les matériaux à forte permittivité diélectrique (*high-k*), sont intéressants pour les condensateurs MIM dans la mesure où leur capacité sera d'autant plus élevée que la constante diélectrique de la couche isolante séparatrice sera grande. Parmi les matériaux à grande permittivité diélectrique, l'ALD permet notamment le dépôt d'oxydes isolants comme SiO_2 [21], $TaAlO_x$ [22], Lu_2O_3 [23], ZrO_2 [24], Al_2O_3 [25] ou HfO_2 [26]. L'alumine et le dioxyde d'hafnium ont constitué les deux matériaux isolants faisant l'objet de cette étude, présentant tous deux une constante diélectrique élevée (respectivement 11 et 22). Par ailleurs, la figure 1.5 montre la largeur en énergie de la bande interdite de certains matériaux [27]. Comme nous pouvons le voir, le dioxyde d'hafnium semble être un bon compromis entre une constante diélectrique grande et une bande interdite relativement large ce qui assure une tension de claquage élevée de la couche déposée. Les diélectriques formés par ALD sont d'ailleurs déjà utilisés pour leur bonne qualité dans l'industrie comme oxydes de grille dans certains transistors actuellement produits. Enfin, il est important que le matériau diélectrique contienne peu de défauts afin de limiter les canaux de conduction et ainsi les courants de fuite.

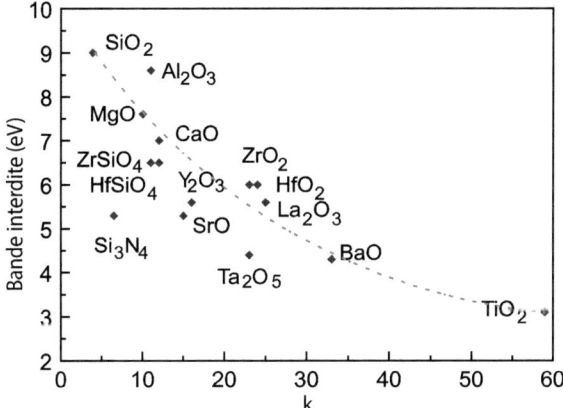

FIGURE 1.5: Diagramme montrant l'énergie de la bande interdite de quelques oxydes en fonctions de leur constante de permittivité électrique [27].

– *Dispositifs multicouches MIM*

Que ce soit par dépôt ALD ou en utilisant d'autres techniques, des dispositifs MIM ont été élaborés en utilisant divers matériaux constituants les électrodes conductrices et couches diélectriques à forte permittivité [28]. Selon les caractéristiques cristallographiques, morphologiques et selon l'épaisseur de la couche isolante, les performances électriques du système MIM sont différentes. Par exemple Yu et coll. [29] ont utilisé le HfO_2 en tant que diélectrique, déposé par ALD, entre deux électrodes de tantale. Il ont pu montrer que la capacité du condensateur MIM (13 $fF/\mu m$) augmentait notablement lorsque l'épaisseur du diélectrique (10 nm) diminue. En considérant une couche de ZrO_2 déposée entre deux électrodes conductrices, l'une de nickel (Ni) et l'autre de TiN, pour une épaisseur de diélectrique de 8 nm, la capacité est de 37 $fF/\mu m$ [30]. Par ailleurs, comme nous l'avons vu précédemment, si la surface des électrodes conductrices du condensateur est grande, sa capacité sera accrue. En déposant le système multicouches dans une nano-structure 3D qui possède une grande surface spécifique, les performances électriques du condensateur seront ainsi améliorées. C'est ce qui a été montré récemment par Rubloff et coll., en empilant un système $TiN/Al_2O_3/TiN$ dans une membrane d'alumine poreuse [31]. La figure 1.6 présente deux coupes de membrane d'alumine comportant le système MIM $TiN/Al_2O_3/TiN$. La capacité surfacique du condensateur passe ainsi de 10 $\mu F/cm^2$ pour une membrane d'alumine de 1 μm d'épaisseur à près de 100 $\mu F/cm^2$ pour 10 μm d'épaisseur. Ceci démontre le lien direct entre la capacité du condensateur et l'aire des électrodes en regard. Une description du mode de croissance de ces nano-structures d'alumine sera présentée au chapitre 2.

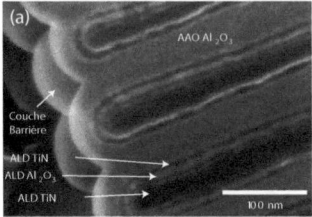 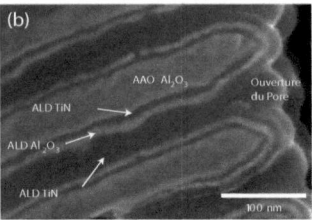

FIGURE 1.6: Condensateur MIM dans une structure poreuse d'alumine. Vues en coupe MEB au fond (a) et à l'embouchure (b) des pores [31].

Un empilement de plusieurs condensateurs multicouches du type MIMIM est également envisageable de manière à accroître la capacité totale du dispositif [32]. Dans ce travail, des pores de taille micrométrique ont été réalisés dans un substrat de silicium, puis des empilements alternant des couches de TiN et d'Al_2O_3 ont été déposé par ALD. La capacité mesurée pour de tel dispositifs peut atteindre jusqu'à 200 nf·mm^{-2}. Des sociétés spécialisées comme IPidia, basée à Caen, commercialisent déjà des composants de type condensateurs 3D élaborés sur des substrats de silicium macroporeux. Mais l'utilisation de membranes d'alumine, comportant un rapport d'aspect plus grand et une densité de pores plus élevée, semble une alternative intéressante afin d'augmenter les performances en termes de capacité du composant ainsi fabriqué.

1.2.5 Conclusion

Il apparaît donc clairement que les systèmes MIM présentent de multiples intérêts pour la microélectronique d'aujourd'hui et de ses futurs développements. La fabrication et l'optimisation de structures tridimensionnelles nanométriques permettent d'augmenter les performances et l'ALD apparaît comme une technique incontournable dans le développement de ces dispositifs.

1.3 Les piles à combustible

Une seconde alternative aux énergies fossiles, applicable tant aux dispositifs électroniques qu'à l'industrie automobile, est la pile à combustible. Dans cette section, un état des lieux des technologies disponibles et des performances de ce type de système est réalisé.

1.3.1 Introduction

La pile à combustible est une invention de l'anglais Sir William Grove qui conduisit à la fin du XIXème siècle les premiers travaux sur des cellules de piles à combustible en utilisant une grande quantité de platine [33]. C'est en 1889 qu'apparut réellement le terme de pile à combustible introduit par Ludwig Mond et Carl Langer qui connectèrent en série des cellules et obtinrent des courants de 2 à 2,5 mA (environ 3 mA/cm^2) en utilisant près d'un gramme de platine (soit 1,43 mg/cm^2). Un kilowatt électrique aurait alors demandé 1 kilogramme de platine ! Dès lors, de nombreux travaux de recherche ont été menés afin d'optimiser la quantité de catalyseur, le rendement, la température de fonctionnement ou encore le stockage de l'hydrogène dans les piles à combustibles. L'idée d'avoir recours à l'hydrogène (H$_2$) comme source d'énergie semble assez naturelle du fait qu'il constitue l'une des principales ressources disponibles sur la Terre [34]. De ce fait, cette source abondante d'énergie paraît être la mieux à même d'être utilisée comme carburant dans les piles à combustible [35]. De plus, l'hydrogène a pour avantage d'être non toxique et très énergétique [36, 37]. Cependant, dans l'Univers, celui-ci n'existe que combiné à d'autres atomes au sein de molécules comme l'eau par exemple ou les hydrocarbures, mais ne peut être trouvé en tant que tel, isolé. Se pose donc ici le problème de la production d'hydrogène, son stockage et sa distribution dans les appareils susceptibles d'avoir comme source d'énergie la pile à combustible. Des travaux ont en outre été menés afin de proposer des structures à base de carbone poreux comme moyen de stockage de l'hydrogène [38]. En effet, cette petite molécule constituée seulement de deux atomes, très volatile, est particulièrement difficile et contraignante à stocker et nécessite des matériaux très résistants et des conditions de pression pour le stockage assez draconiennes. Dans cette partie, le principe de fonctionnement d'une pile à combustible est décrit, les différentes sources d'hydrogène et les différents types de piles à combustible sont passées en revue et les solutions proposées dans ce travail de thèse sont introduites.

1.3.2 Les types de piles à combustible et leurs caractéristiques

Différents types de piles à combustible existent. Elles sont généralement classées soit selon leur température de fonctionnement, soit selon leur électrolyte ou encore selon le combustible qui permet de les faire fonctionner. Ainsi, les piles fonctionnant à basse température, de la température ambiante jusqu'à 200°C, sont les piles alcalines (*Alkaline Fuel Cells, AFC*), les piles à membrane échangeuse de protons (*Proton Exchange Membrane Fuel Cell, PEMFC*), les piles à combustion directe de molécules organiques du type méthanol (*Direct Methanol Fuel cell, DMFC*), éthanol

(*Direct Ethanol Fuel Cell, DEFC*), acide formique (*Direct Formic Acid Fuel Cell, DFAFC*) ou phosphorique (*Phophoric Acid Fuel cell, PAFC*) qui se différencient de piles à combustible fonctionnant à plus haute température, au-delà de 600°C, telles que les piles à carbonates fondus (*Molten Carbonate Fuel Cell, MCFC*) ou encore les piles à oxydes solides (*Solid Oxide Fuel Cell, SOFC*). Une description détaillée de chacune de ces catégories de piles à combustible est proposée par Larminie et Dicks [33]. Notre attention se porte ici plus particulièrement sur les piles à combustion directe d'éthanol et d'acide formique. En effet, les DFAFCs peuvent être utilisées afin d'alimenter les dispositifs électroniques portables, tandis que les DEFCs peuvent être utilisées dans l'industrie automobile (cf. figure 1.7). De plus, la non-toxicité, la forte densité d'énergie et l'origine renouvelable de ces ressources énergétiques, font de l'éthanol et de l'acide formique de bons candidats à leur utilisation dans les piles à combustible [39, 40].

FIGURE 1.7: Les piles à combustible peuvent être utilisées aussi bien pour l'automobile (a) que pour des dispositifs électroniques portables (b).

1.3.3 Principe de fonctionnement

Deux principaux modes de combustion de l'hydrogène coexistent : la combustion directe en présence d'oxygène et la combustion indirecte à partir d'une réaction électrochimique où l'hydrogène se combine à l'oxygène par l'intermédiaire de réactions d'oxydoréduction. Dans les deux cas, la production d'énergie électrique résulte de la circulation d'électrons dans un circuit extérieur suite à leur génération par réaction de l'hydrogène sur un catalyseur se produisant à l'anode. De manière générale, l'équation bilan de la combustion de l'hydrogène combiné à l'oxygène est la suivante [33] :

$$2H_2 + O_2 \rightarrow 2H_2O \tag{1.5}$$

Durant cette réaction, de l'énergie est dissipée sous forme de chaleur et de l'énergie électrique est produite par libération d'électrons. Dans le cas des piles à combustible, les deux demi-réactions d'oxydation de l'hydrogène et de réduction de l'oxygène sont séparées. Afin d'optimiser les performances d'un tel système et d'obtenir des courants d'intensité viable, les électrodes de la pile à combustible sont généralement plates et disposées de façon parallèle, et l'épaisseur de l'électrolyte les séparant (c'est-à-dire la distance inter-électrodes) est minimisée afin de limiter la perte et la diffusion trop importante des ions dans l'électrolyte. Le schéma du principe de fonctionnement d'une pile à combustible est présenté sur la figure 1.8.

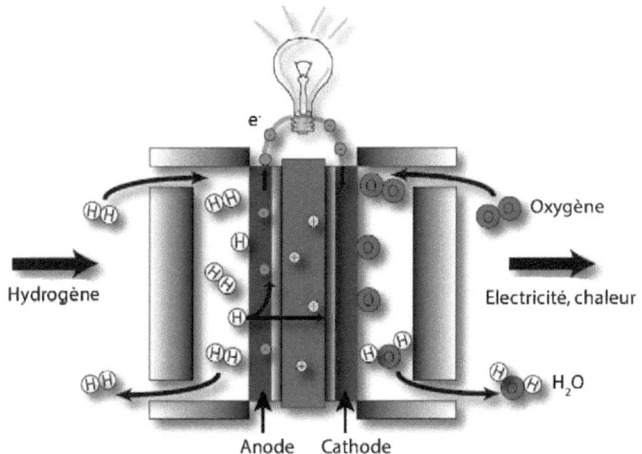

FIGURE 1.8: Principe de fonctionnement et éléments constitutifs d'une pile à combustible.

La réaction d'oxydoréduction (en milieu acide) qui se produit au niveau de la cathode (couple H^+/H_2) est la suivante :

$$2H_2 \rightarrow 4H^+ + 4e^- \tag{1.6}$$

Tandis que celle se produisant au niveau de l'anode (couple O_2/H_2O) est :

$$O_2 + 4H^+ + 4e^- \rightarrow 2H_2O \tag{1.7}$$

L'équation bilan s'écrit très souvent de la manière suivante, qui est équivalente à celle mentionnée précédemment dans l'équation 1.5 :

$$H_2 + \frac{1}{2}O_2 \rightarrow H_2O \tag{1.8}$$

En milieu alcalin, le mécanisme globale de réaction est substantiellement le même mais les réactions se produisant au niveau des électrodes de la pile à combustible sont un peu différentes. En effet, en milieu basique, des ions hydroxyde (OH^-) sont disponibles et mobiles dans l'électrolyte. La demi-équation électronique de la réaction se produisant à l'anode s'écrit alors de la façon suivante :

$$2H_2 + 4OH^- \rightarrow 2H_2O + 4e^- \tag{1.9}$$

A la cathode en revanche, l'oxygène réagit avec les électrons (réduction) provenant de l'électrode métallique et avec l'eau provenant de l'électrolyte, formant ainsi ses ions OH^- selon la relation suivante :

$$O_2 + 2H^+ + 2e^- \rightarrow 2OH^- \tag{1.10}$$

Afin de mieux comprendre le fonctionnement d'une pile à combustible, il est d'abord essentiel de définir les grandeurs physiques et chimiques qui la caractérisent ce qui permettra d'identifier ses performances si nous considérons la pile comme idéale dans un premier temps [33]. Nous pourrons alors décrire le fonctionnement réel d'une pile à combustible. Nous allons nous interesser dans la partie suivante aux phénomènes thermodynamiques qui caractérisent la pile. Nous introduirons ensuite les performances actuelles des piles à combustible.

1.3.4 Grandeurs caractéristiques d'une pile à combustible

Les performances idéales d'une pile à combustible dépendent des réactions électrochimiques qui ont lieu entre les différents combustibles possibles que nous avons vu précédemment et l'oxygène. Pour pouvoir atteindre des rendements suffisants, les piles à combustible à faible température (PEMFC, AFC, PAFC) requièrent l'utilisation de métaux nobles pour l'électrocatalyse au niveau de l'anode et de la cathode. L'hydrogène est le seul combustible acceptable pour ce type de piles. Pour les piles à haute température de fonctionnement (MCFC et SOFC), le choix du combustible, ainsi que des catalyseurs, est plus grand [41]. Le monoxyde de carbone est un poison pour les métaux nobles tels que le platine et le palladium dans les piles à basse température, mais il sert en revanche à l'oxydation de l'hydrogène dans les piles à combustible à haute température où les catalyseurs sont à base de métaux de transition tels que le nickel. En combinant ainsi un métal noble comme le Pd avec un métal de transition (Ni, Sn) ou avec un oxyde présentant des propriétés catalytiques (SnO_2, TiO_2, Fe_2O_3 par exemple), les propriétés électroniques des deux matériaux peuvent interagir et exhiber des propriétés nouvelles, notamment un empoisonnement au monoxyde de carbone (CO) moindre [42, 43]. On peut remarquer que H_2, CO et CH_4 sont susceptibles de subir une oxydation à l'anode [33, 44]. Mais actuellement une part très faible de l'oxydation du CO et du CH_4 est utilisée. Les performances idéales d'une pile à combustible, qui sont définies par le potentiel de Nernst, représentent la tension de la pile. L'équation de Nernst établit une relation entre le potentiel standard ($E°$) et le potentiel à l'équilibre pour d'autres conditions de température et de pression (les conditions réelles de fonctionnement). Donc, une fois le potentiel aux conditions standards connu, la tension ou le potentiel peuvent être déterminés pour n'importe quelles conditions de température et de pression en utilisant cette équation :

$$E = E° + \frac{RT}{nF} \ln\left(\frac{[C]^\gamma [D]^\delta}{[A]^\alpha [B]^\beta}\right) \tag{1.11}$$

Pour une réaction dont l'équation bilan est du type :

$$\alpha A + \beta B \rightarrow \gamma C + \delta D \tag{1.12}$$

[A], [B], [C] et [D] désignent les concentrations respectives en réactifs et produits A, B, C et D intervenant dans la réaction chimique et α, β, γ, δ les nombres stœchiométriques. Notons que la relation de Nernst est écrite ici dans le cas où les réactifs et les produits sont des solutés. En effet, dans le cas général, les concentrations doivent être remplacées par les activités des réactifs et des produits (l'activité est proportionnelle à la concentration dans le cas d'un liquide et à la pression partielle dans le cas d'un gaz).

En accord avec l'équation de Nernst pour la réaction de l'hydrogène avec l'oxygène, le potentiel idéal d'une pile à une température donnée peut être accru en augmentant la pression des réactifs. On observe, en effet, des améliorations dans les performances des piles à haute pression [41]. Cette réaction produit de l'eau, mais lorsque le combustible utilisé contient du carbone, du dioxyde de carbone est aussi produit. La force électromotrice (fém), grandeur caractéristique des performances de la pile, peut également être exprimée comme la variation d'énergie libre lors de la réaction entre l'hydrogène et l'oxygène. Le travail électrique (W_{el}) maximum fourni par une pile à combustible à température et à pression constantes est donné par le changement d'énergie libre (ΔG) de la réaction :

$$W_{\text{el}} = \Delta G = -nFE \tag{1.13}$$

où n est le nombre d'électrons participant à la réaction, F la constante de Faraday, et E le potentiel de la pile. Si l'on considère le cas où les réactifs et les produits sont à l'état standard, alors :

$$\Delta G° = -nFE° \tag{1.14}$$

où $E°$ est le potentiel réversible standard. Le travail maximum disponible pour une source de combustible est relié à l'énergie libre de la réaction dans le cas d'une pile à combustible, cependant l'enthalpie (chaleur) de la réaction est une quantité caractéristique dans le cas d'une machine thermique, et s'écrit :

$$\Delta G_{\text{r}} = \Delta H_{\text{r}} - T\Delta S \tag{1.15}$$

où la différence entre ΔG_r et ΔH_r est proportionnelle à la variation d'entropie (ΔS). La quantité maximum d'énergie électrique disponible est ΔG_r et la quantité totale d'énergie thermique est ΔH_r. La quantité de chaleur produite par une pile à combustible, si la réaction est réversible, est $T\Delta S$. Les réactions entraînant un changement négatif d'entropie produit de la chaleur, cependant celles qui entraînent un changement positif de l'entropie vont capter de la chaleur à l'environnement extérieur. En dérivant l'équation 1.15 et en substituant dans l'équation 1.13, on trouve les équations aux dérivées partielles suivantes :

$$\left(\frac{\partial E}{\partial T}\right)_P = \frac{\Delta S}{nF} \tag{1.16}$$

et,

$$\left(\frac{\partial E}{\partial P}\right)_T = -\frac{\Delta V}{nF} \tag{1.17}$$

La variation d'énergie libre peut donc s'exprimer à l'aide de la formule de Nernst de la manière suivante :

$$\Delta G = \Delta G^0 + RT \ln\left(\frac{[C]^\gamma [D]^\delta}{[A]^\alpha [B]^\beta}\right) \tag{1.18}$$

Pour la réaction globale, le potentiel de la pile augmente lorsque l'activité (la concentration) des réactifs augmente et lorsque l'activité des produits décroît.

1.3.5 Pile à combustible à combustion directe d'éthanol

Le principe général de fonctionnnement d'une pile à combustible à combustion directe d'éthanol (DEFC) est illustré par la figure 1.9. L'éthanol se présente sous forme d'une solution aqueuse qui alimente le compartiment anodique tandis que l'oxygène est injecté dans le compartiment cathodique. Le matériau catalyseur contenu au niveau de l'anode va aider l'oxydation de l'étha-

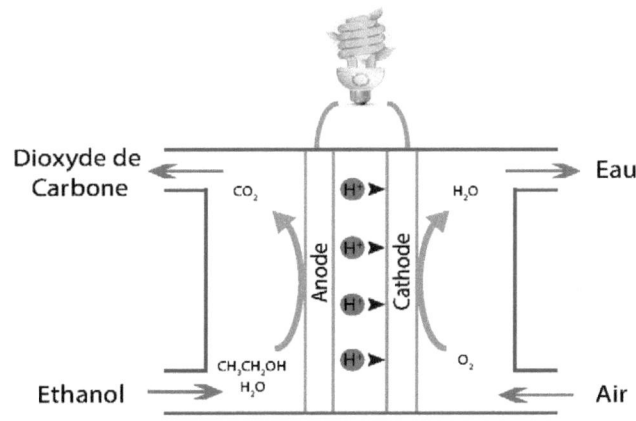

FIGURE 1.9: Principe de fonctionnement d'une pile à combustible à combustion directe d'éthanol.

nol, libérant du dioxyde de carbone ainsi que des électrons et des protons. Les protons migrent au travers de la membrane séparant les deux compartiments de la pile et les électrons circulent vers un circuit extérieur, pouvant alimenter un dispositif électrique. A ce niveau, l'oxygène provenant de l'air, réagit avec les protons et les électrons provenant de l'anode qui en se combinant produisent des molécules d'eau et de CO_2. L'éthanol est oxydé à l'anode suivant la réaction suivante [45] :

$$CH_3CH_2OH + 3H_2O \rightarrow 2CO_2 + 12H^+ + 12e^- \qquad (1.19)$$

correspondant à un potentiel anodique de $E_1^\circ = 0,084$ V $vs.$ ENH. ENH (Electrode Normale à Hydrogène), définissant le potentiel standard d'une électrode à hydrogène qui sert de référence. L'oxygène est alors réduit au niveau de la cathode suivant la réaction :

$$O_2 + 4H^+ + 4e^- \rightarrow 2H_2O \qquad (1.20)$$

et un potentiel cathodique de $E_2^\circ = 1,229$ V $vs.$ ENH. La force électromotrice de ce système est ainsi définie de la manière suivante :

$$E_{\text{fem}}^\circ = E_2^\circ - E_1^\circ = -\frac{\Delta G^\circ}{12F} = 1,145 \text{ V } vs. \text{ ENH} \tag{1.21}$$

La réaction globale suivante :

$$\text{CH}_3\text{CH}_2\text{OH} + 3\text{O}_2 \rightarrow 2\text{CO}_2 + 3\text{H}_2\text{O} \tag{1.22}$$

correspond à une énergie libre de Gibbs de $\Delta G^\circ = -1326$ kJ·mol^{-1}. Pour favoriser et aider cette réaction, plusieurs types de catalyseurs sont envisageables, et notamment ceux à base de métaux nobles tels que le platine ou le palladium [46, 47]. Le Pd a pour avantage d'être moins sujet à l'empoisonnement par les produits de réaction tel que le CO. Dans notre étude, nous nous sommes focalisés sur l'utilisation de Pd.

1.3.6 Les catalyseurs à base de palladium

Dans cette section, nous nous intéressons aux différentes voies de synthèse de catalyseurs à base de Pd [48] et à leur activité électrochimique, corrélée à leurs propriétés physico-chimiques, pour l'oxydation d'alcools ou plus généralement de molécules organiques dans la demi-pile anodique, des DFAFCs et des DEFCs. La voie de synthèse d'électro-catalyseurs la plus courante à base de Pd pour ce type de dispositifs, se fait par réduction ou traitement hydrothermal de composés complexes de Pd. Ainsi, les particules de Pd peuvent être élaborées sous forme de solutions colloïdales, par voie sol-gel, par micro-émulsion, ou encore par précipitation, avant d'être déposées à la surface d'une électrode conductrice [49–51]. La morphologie du matériau actif à base de Pd peut se présenter sous différentes configurations géométriques comme par exemple des nano-fils, des nano-tubes, des nano-particules ou encore sous la forme de films minces continus [45, 52–54]. Le Pd étant un métal noble relativement coûteux, il est très souvent allié à un autre métal, généralement un métal de transition ou bien son oxyde associé [55–59]. Il a été montré récemment que l'effet de taille à l'échelle nanométrique des catalyseurs à base de Pd, répartis de manière discrète, c'est-à-dire sous la forme de particules isolées, à la surface d'un support conducteur (le carbone par exemple), améliore les performances catalytiques de ce type de systèmes pour l'électro-oxydation d'alcools tels que l'éthanol ($\text{CH}_3\text{CH}_2\text{OH}$) ou encore de petites molécules organiques comme l'acide formique (HCOOH). Ce n'est pas le seul élément déterminant sur l'efficacité des catalyseurs. En effet, la morphologie, la géométrie, la dispersion en taille et le type de support sont également des éléments cruciaux. Le matériau le plus employé actuellement comme support de catalyseurs à base de Pd est le noir de carbone (*black carbon*, *BC*) [60]. Cependant, des métaux ou des oxydes métalliques peuvent être employés [61]. Ainsi des nano-structures comme des micro-sphères de carbone [62], des nano-tubes de carbone [63], des membranes d'alumine poreuse [47] ou encore des nano-tubes de TiO_2 [64] sont couramment utilisés en tant que supports de catalyseurs. Les nano-structures proposant une grande surface active et fonctionnalisable sont particulièrement intéressantes pour ce type d'applications (cf. chapitre 2).

1.3.7 Oxydation de l'éthanol sur le Pd

Le mécanisme de réaction pour l'oxydation de l'éthanol sur des catalyseurs à base de Pd a été proposé par Zhao et coll. [65] et étudié par voltammétrie cyclique (CV) en solution alcaline. La CV suggère que l'étape clé du mécanisme réactionnel consiste en l'élimination des anions OH^- qui sont adsorbés à la surface des atomes de Pd :

$$Pd + OH^- \rightarrow Pd - OH_{ads} + e^- \qquad (1.23)$$

$$Pd - (CH_3CH_2OH)_{ads} + 3OH^- \rightarrow Pd - (COCH_3)_{ads} + 3H_2O + 3e^- \qquad (1.24)$$

$$Pd - (COCH_3)_{ads} + Pd - OH_{ads} + 3OH^- \rightarrow Pd - CH_3COOH + Pd \qquad (1.25)$$

L'oxydation de l'éthanol sur le Pd permet de cliver les liaisons C–C. Mais en réalité, ce principe n'est pas aussi simple. En effet, le mécanisme réactionnel proposé montre que les principaux produits de réaction de l'oxydation de l'éthanol sont des ions acétate [45, 62, 65–67]. Par ailleurs, il a été montré à plusieurs reprises que le palladium n'est pas actif en milieu acide. Une contrainte supplémentaire sera donc de travailler en milieu alcalin [45].

1.3.8 Pile à combustible à combustion directe d'acide formique

Le formalisme de la combustion de l'acide formique dans une DFAFC est proche de celui évoqué précédemment dans le cas de l'éthanol. Le principe de fonctionnement de ce type de pile à combustible est le même que dans le cas d'une DEFC, le combustible étant remplacé par l'acide formique (HCOOH). La décomposition de l'acide formique sur le catalyseur de Pd va produire du CO_2 et des protons selon l'équation suivante [68–72] :

$$HCOOH \xrightarrow{Pd} CO_2 + 2H^+ + 2e^- \qquad (1.26)$$

Contrairement à l'oxydation de l'éthanol, cette réaction ne génère pas de CO [39, 46]. Le Pd est très souvent allié avec un métal de transition ou son oxyde associé afin de réduire la quantité de métal noble. De plus, le fait de créer un alliage entraîne des changements d'état et une interaction électronique différente entre les métaux formant l'alliage. Il a ainsi été montré que l'empoisement du catalyseur peut être réduit grâce à cet alliage. Le chapitre 4 du présent manuscrit aura pour objet l'étude du système catalytique Pd/Ni pour l'oxydation de HCOOH. Le formalisme de décomposition de cette molécule sera alors plus amplement décrit.

1.3.9 Conclusion

Nous avons vu ici les mécanismes de décomposition de certaines molécules organiques (C_2H_5OH et HCOOH) sur des catalyseurs à base de palladium. Pour s'assurer que nous pouvons qualifier ce type de systèmes comme convertisseurs d'énergie renouvelable, il est également nécessaire de s'assurer de l'origine renouvelable du combustible. Ceci est en partie le cas par la génération d'alcools à partir de la biomasse notamment, mais également à partir de cultures agricoles, de micro-algues ou de déchets organiques. Ces filières constituent l'industrie des biocarburants qui peuvent d'ailleurs parfois soulever certains problèmes d'éthique et particulièrement lorsqu'il est question de mise en concurrence avec les filières alimentaires quand il s'agit de biocarburants fabriqués à partir des cultures agricoles.

1.4 Les jonctions p/n dans les dispositifs photovoltaïques

1.4.1 Introduction

Le Soleil est une source d'énergie inépuisable qui suscite l'intérêt de beaucoup de recherches à la fois dans les laboratoires universitaires mais également dans le milieu industriel. L'énergie solaire reçue par la Terre chaque année équivaut à $1,56 \cdot 10^{18}$ kWh, ce qui correspond à environ 10000 fois la consommation mondiale annuelle d'électricité. Les cellules photovoltaïques (PV) à base de silicium dominent largement le marché actuel en ayant démontré une efficacité de conversion de l'énergie solaire supérieure à 25% grâce à d'excellentes propriétés de transport des charges et une bonne stabilité du silicium. Ainsi, l'industrie du PV a connu une croissance rapide depuis ces dernières années [73]. Cependant, la purification du Si polycristallin nécessite des procédés souvent lourds et coûteux. Dans ce contexte, de nouveaux matériaux, qu'ils soient inorganiques, organiques ou encore hybride (oragniques-inorganiques) font leur apparition, proposant des rendements de conversion encourageants de l'ordre de 15%, ainsi que la technologie couches minces qui paraît encourageante. Ces nouvelles technologies ont pour avantages d'avoir un coût réduit de production, des matériaux plus facilement recyclables et des procédés de fabrication moins lourds à mettre en œuvre. La figure 1.10 illustre un exemple de cellule PV élaborée sur support souple. Dans ce paragraphe, un rappel de la théorie des semi-conducteurs ainsi qu'une description des mécanismes de dissociation-recombinaison des charges sur des jonctions entre des matériaux semi-conducteurs (jonctions p/n) sont proposés.

FIGURE 1.10: Exemple de cellule photovoltaïque sur support souple.

1.4.2 Conduction électrique et matériaux semi-conducteurs

Dans le modèle classique, un matériau est isolant lorsqu'il ne contient pas d'électrons mobiles. Dans un conducteur, des électrons sont peu liés au noyau de l'atome et peuvent se déplacer dans le réseau ordonnée (cristallin) de la structure du matériau. Le déplacement des électrons est alors décrit par la loi d'Ohm généralisée sous la forme :

$$J = n \cdot q \cdot \mu \cdot E \qquad (1.27)$$

où n, q, μ désignent respectivement le nombre d'électrons, leur charge nominale, leur mobilité et E désigne le champ électrique appliqué au matériau afin d'induire le déplacement des élétrons. Ce modèle classique ne permet pas de décrire précisément les matériaux semi-conducteurs. C'est ainsi qu'a été introduit le modèle quantique des bandes d'énergie. Dans l'atome isolé, les électrons occupent des niveaux d'énergie discrets. Dans un cristal, par suite d'intéractions entre les atomes, ces niveaux s'élargissent et les électrons occupent des bandes d'énergie permises séparées par des bandes interdites (le *gap*). La répartition des électrons dans les niveaux obéit aux lois de la thermodynamique statistique. Dans les isolants, les bandes d'énergie les plus faibles sont entièrement pleines. La hauteur de la bande interdite est grande (> 5 eV). Il n'y a pas de niveaux d'énergie accessibles et donc pas de conduction possible. Dans les conducteurs, la dernière bande occupée est partiellement remplie : il existe un grand nombre de niveaux disponibles et la conduction est importante. Enfin, dans le cas des semi-conducteurs, le taux de remplissage de la dernière bande occupée est soit très faible, soit très grand. La hauteur de la bande interdite est relativement petite (1 à 2 eV). La conduction est faible et varie notamment avec la température qui produit une agitation thermique et une mise en mouvement des porteurs de charge vers les bandes d'énergies supérieures accessibles.

La théorie des bandes appliquée aux semi-conducteurs amène à considérer une bande de valence entièrement pleine qui est séparée d'une bande de conduction par la bande interdite. Si nous apportons une énergie thermique ou lumineuse suffisante à un électron situé dans la bande de valence, il peut passer de la bande de conduction avec une probabilité (P) proportionnelle à :

$$P \propto \exp\left(\frac{-\Delta E}{k \cdot T}\right) \tag{1.28}$$

où ΔE désigne la largeur de la bande interdite, k la constante de Boltzmann et T la température.

1.4.3 Mécanismes de recombinaison d'excitons, jonction p/n

Si une liaison est brisée (agitation thermique ou lumineuse), l'électron devient mobile : il laisse un excès de charge positive qui est appelé « trou ». Il s'agit en fait d'une lacune électronique qui est susceptible d'être comblée par un électron voisin libéré par excitation, qui va à son tour laisser un trou. De proche en proche, les charges se déplacent dans le réseau cristallin. Les trous et les électrons constituent les porteurs libres intrinsèques du matériau. Parallèlement aux semi-conducteurs intrinsèques, certains matériaux sont dits « dopés », soit naturellement, soit par introduction d'impuretés.

– *Dopage de type n :*

Dans le cas des semi-conducteurs de type n, s'il n'est pas dopé naturellement, il est introduit dans la matrice cristalline du matériau des atomes d'impuretés pentavalents, tels que le phosphore, l'arsenic ou l'antimoine. Chaque atome d'impureté amène un électron de valence supplémentaire, peu lié au noyau, qui va pouvoir passer facilement vers la bande de conduction. La conductivité du matériau devient supérieure à celle du matériau pur, grâce au dopage. La conduction de type n est assurée par des électrons.

– *Dopage de type p :*

Dans le cas des semi-conducteurs de type p, s'il n'est pas dopé naturellement, il est introduit dans la matrice cristalline du matériau des atomes d'impuretés trivalents tels que le bore, le gallium ou l'indium. Il manque ainsi à l'impureté un électron de valence qui va être capté aux atomes du matériau dopé : il y a formation d'un trou, peu lié et peu mobile. La conduction est assurée par les trous, qui sont les porteurs majoritaires.

– *La jonction p/n :*

Une jonction est constituée de deux parties de semi-conducteurs, l'un p et l'autre n. Les connexions avec le milieu extérieur sont assurées par des contacts métalliques. La figure 1.11 montre la représentation d'une jonction p/n. Les trous ont tendance à gagner la zone n où ils se recombinent

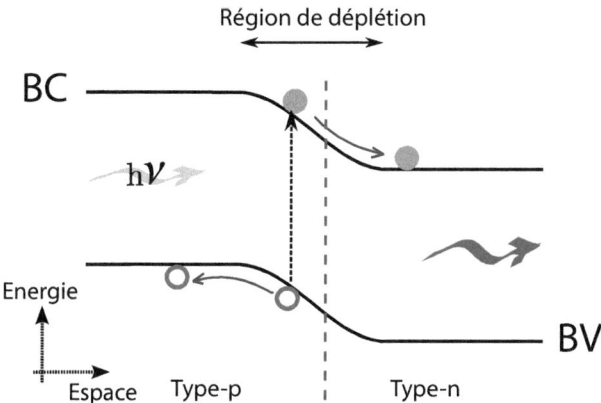

FIGURE 1.11: Diagramme de bandes d'un jonction p/n dans une cellule solaire.

avec des électrons, il y a alors formation d'excitons (paire électron-trou). De même, les électrons de la zone n vont combler les trous de la zone p. L'égalisation des niveaux de Fermi aboutit à la création d'une zone de transition, appelée zone de déplétion, due aux charges non compensées. En l'absence d'une polarisation externe, il existe un champ électrique interne qui s'oppose au mouvement des porteurs majoritaires qui accélèrent les minoritaires. Au niveau de la jonction

p/n, une barrière de potentiel se forme, qui correspond à la différence entre les niveaux d'énergie des accepteurs et des donneurs. Sous l'effet de l'excitation par la lumière de la couche active de la cellule photovoltaïque, un photon peut être absorbé par cette couche pour produire un exciton. La création de cette paire électron-trou correspond à la transition d'un électron de la bande de valence vers la bande de conduction, transition permise par l'apport en énergie du photon absorbé [74, 75]. Dans cet état excité, la molécule possède donc un électron dans la bande de conduction et un trou (une lacune électronique) dans la bande de valence, ce qui maintient la neutralité de l'ensemble du matériau. Plus la courbure des bandes d'énergie au niveau de la zone de déplétion sera grande (c'est-à-dire plus la différence entre les niveaux d'énergie respectifs des matériaux p et n est grande) et plus la dissociation-recombinaison des porteurs de charge sera facilité [76].

1.4.4 Les types de cellules photovoltaïques

Parmi les différentes filières du PV que nous avons évoquées précédemment, le taux de rendement est bien différent selon le type de système considéré et celui-ci a grandement progressé depuis la première cellule solaire fabriquée dans les laboratoires Bell dans les années 1950 qui avait un rendement inférieur à 6%. Ainsi, aujourd'hui, le rendement record qui a été atteint pour une cellule PV à base de Si est de l'ordre de 40%. De façon plus courante, le rendement typique d'une cellule en Si monocristallin est de 25%, polycristallin de l'ordre de 15% et amorphe environ 11%. En ce qui concerne la filière couches minces, le rendement est de 19% et 5% pour la filière du PV organique. Enfin les cellules à colorant du type cellule de Grätzel possèdent un rendement de 11% lorsque l'électrolyte est liquide et 4% pour un électrolyte solide. La filière Si représente encore aujourd'hui la part la plus importante des cellules PV commercialisées. Cependant l'utilisation des éléments semi-conducteurs III-V devient un marché niche. Ainsi, ces matériaux sont le plus souvent obtenus par croissance épitaxiale de systèmes multi-couches. Les cellules à base de tellure de cadmium apparaissent très prometteuses, permettant d'obtenir des rendements honorables de 16,5% en laboratoire. Avec une bande interdite de 1,45 eV parfaitement adaptée au spectre solaire et un très fort cœfficient d'absorption, une couche inférieure à 2 μm suffit à obtenir un matériau opaque et absorbant pour une grande partie du spectre solaire. Le développement des panneaux CdTe est néanmoins largement ralenti par l'utilisation du cadmium, qui pose problème au niveau écologique. D'autres matériaux à base de sulfure d'antimoine (Sb_2S_3) par exemple, sont également d'excellents absorbeurs du spectre solaire et présentent également l'avantage d'être thermodynamiquement stables [77]. D'autres voies sont exploitées dans la filière couches minces. L'utilisation du disélénure de cuivre et d'indium (CIS), un matériau I-III-VI possédant une structure chalcopyrite, est encourageante. Il possède un coefficient d'absorption entre 100 et 1000 fois supérieur à celui du silicium amorphe. Les cellules à base de matériau chalcopyrite quaternaire comme les CIGS (pour $Cu(Ga,In)(Se,S)_2$) possèdent également des performances extrêmement intéressantes (record de rendement pour cette filière de 19,6%). Un des facteurs limitant de ce type de matériaux, et dont l'étude doit être approfondie, se situe au niveau de leur stabilité et de leur résistance à la corrosion.

Par ailleurs, les cellules dites de Grätzel ou à colorants, formées de structures de TiO_2 et d'un électrolyte (liquide ou solide), reproduisent le phénomène de la photosynthèse. Un schéma décrit leur principe de fonctionnement sur la figure 1.12. Ces cellules ont été développées dans le début des années 1990 à l'Ecole Polytechnique Fédérale de Lausanne et ont depuis connu de nombreux succès atteignant des rendements de plus de 10% [78]. Le principe de fonctionnement consiste à greffer un colorant (ou sensibilisateur) sur une couche de particules de TiO_2. Le rayonnement solaire excite ce sensibilisateur afin de permettre la libération d'un électron directement au niveau du TiO_2, qui joue donc le rôle de cathode.

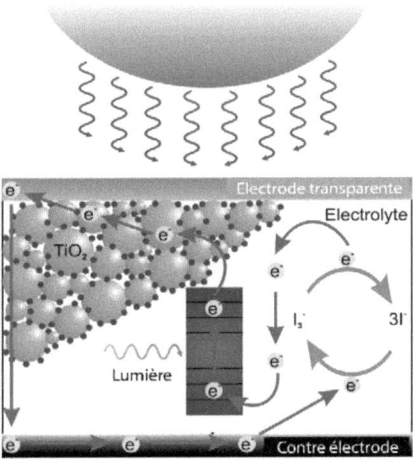

FIGURE 1.12: Principe de fonctionnement d'une cellule de Grätzel.

Enfin, bien que présentant des rendements encore faibles, la technologie organique, pour les cellules PV, mais également pour des applications telles que les diodes électroluminescentes organiques (OLEDs) ou les transistors organiques (OFETs), semble avoir un bel avenir. La commercialisation d'écrans à base de diodes électroluminescentes organiques a démontré l'intérêt de la filière organique. Les cellules PV organiques sont quant à elles prometteuses pour la production d'énergie à bas coût. Contrairement aux cellules à base de silicium, elles peuvent être aisément fabriquées sur substrat souple, ce qui leur permettra de s'intégrer facilement dans les objets courants. Les molécules organiques se présentent le plus souvent sous la forme de polymères [79].

1.4.5 Conclusion

Avec des rendements souvent bien différents, les filières du PV se différencient par leur mode de fabrication et également par les applications visées. La structuration à l'échelle nanométrique de ces différents types de cellules PV apporte de nouvelles voies de développement permettant d'accroître les rendements obtenus actuellement. Dans ce travail, nous nous sommes intéressés à un système nano-structuré constitué d'une jonction nano-tubes de TiO_2/Cu_2O qui sera plus amplement développé au chapitre 5.

1.5 Conclusion du chapitre

Dans ce chapitre, un certains nombre de systèmes permettant la conversion et le stockage de l'énergie ont été décrits, ainsi que les grandeurs physiques qui permettent de les caractériser. Les recherches entreprises ainsi que les résultats de nos travaux seront plus largement exposés dans les chapitres suivants. En effet, même si ces dispositifs paraissent très prometteurs, les supports, mais également sur les matériaux dont ils sont composés, nécessitent une meilleure compréhension et certaines optimisations. Le chapitre 2 se focalisera ainsi sur les supports que nous nous proposons d'utiliser, leur modes de fabrication, tandis que les chapitres 3, 4 et 5 résumeront l'étude de divers matériaux actifs que nous avons choisi d'utiliser pour permettre la fabrication de dispositifs de conversion de l'énergie.

Chapitre 2

Nano-structures pour l'énergie : fabrication et fonctionnalisation.

2.1 Introduction

Depuis le début des années 1990, un grand nombre de travaux de recherche ont été menés afin d'élaborer et d'optimiser des substrats structurés à l'échelle nanométrique et présentant de grandes surfaces spécifiques fonctionnalisables. Parmi ces substrats nous avons d'une part des matériaux structurés présentant des propriétés physico-chimiques (voir biologiques) intrinsèques et d'autre part, il existe des matériaux nano-structurés qui sont relativement inertes mais qui s'auto-organisent à grande échelle. Ces derniers peuvent alors être fonctionnalisés en vue d'une application choisie ou servir de gabarit pour fabriquer des nano-objets constitués d'autres matériaux. Le carbone est un bon exemple de matériau présentant des propriétés intrinsèques très intéressantes lorsqu'il est structuré à l'échelle nanométrique. Qu'il soit sous forme 0D (fullerènes), 1D (nano-tubes) ou 2D (graphène), ses performances sont remarquables à cette dimension (cf. figure 2.1). Les nano-tubes de carbone sont par exemple fréquemment utilisées pour leurs propriétés mécaniques exceptionnelles en les alliant à d'autres matériaux pour les rendre plus résistants et qui sont utilisés dans des domaines comme l'aéronautique pour le renforcement des coques des avions ou encore pour le stockage d'énergie [80, 81] .

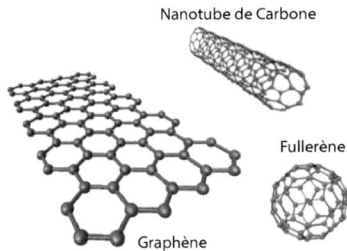

FIGURE 2.1: Schéma des différentes structures à base d'atomes de carbone.

Dans cette étude, ce sont deux types de structures aux propriétés physico-chimiques différentes qui ont été fabriquées et fonctionnalisées pour des applications de stockage et de conversion de l'énergie : les membranes d'alumine poreuses et les nano-tubes de dioxyde de titane (nt-TiO_2). Le premier type de structure a été exclusivement utilisé pour ses propriétés d'auto-organisation sur de grandes surfaces (plusieurs cm^2) exhibant de forts facteurs de forme et permettant une fonctionnalisation sur de grandes surfaces disponibles. Les nt-TiO_2 ont eux aussi été utilisés pour leur grande surface active mais également pour leurs propriétés semi-conductrices. Dans ce chapitre, le dispositif électrochimique de croissance de ces structures est décrit ainsi qu'un inventaire des différentes morphologies, structures et géométries des structures est présenté.

2.2 Les membranes d'alumine poreuses

2.2.1 Introduction

Les membranes d'alumine poreuses sont des nano-structures qui s'organisent naturellement. Selon les conditions de croissance, le diamètre des pores peut varier de 20 à 200 nm et leur épaisseur peut être de plusieurs centaines de μm. Le rapport d'aspect (quotient du diamètre d'un pore par sa profondeur) de telles structures est donc très important (jusqu'à 1 : 2000) ce qui leur confère une grande surface développée qui peut être fonctionnalisée pour diverses applications. Leur fabrication, par voie électrochimique, est relativement facile à mettre en œuvre, elle offre un bon contrôle de la morphologie des pores et est peu onéreuse. Les membranes d'Al_2O_3 ont déjà été utilisées pour plusieurs applications en tant que masque ou gabarit [82], pour la croissance de structures thermoélectriques, magnétiques [83], de nano-pilliers et de nano-fils métalliques ou semi-conducteur [84]. Les applications visées ici sont dans le domaine de l'énergie. L'idée est de fonctionnaliser ces supports qui sont à priori inertes mais très intéressants d'un point de vue de leurs propriétés de surface, à la fois parce qu'il s'agit d'un oxyde possédant une énergie de surface favorable au dépôt de métaux sous forme d'agrégats à leur surface, mais également, comme nous l'avons vu plus haut, parce que ces substrats possèdent une grande surface développée.

2.2.2 Mécanismes de croissance des membranes d'alumine

L'intérêt des films anodiques d'alumine nano-poreuse réside dans leur auto-organisation naturelle. Le phénomène d'auto-organisation durant la croissance électrochimique de l'alumine nano-poreuse est connue depuis longtemps [85]. La figure 2.2 présente une vue de dessus ainsi qu'un schéma montrant l'auto-organisation, proposée en 1953, de la structure poreuse ainsi formée. Cependant, il faut attendre 1995, pour que Masuda et Fukuda [86] proposent une méthode de fabrication de membranes d'alumine nano-poreuse présentant un ordre à courte distance. Pour obtenir ces structures ordonnées selon un réseau hexagonal, il est nécessaire d'utiliser un procédé de double anodisation. De manière générale, les mécanismes réactionnels et les phénomènes de

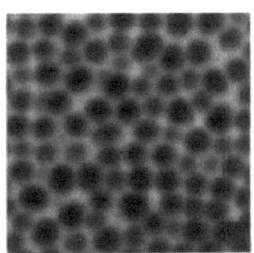 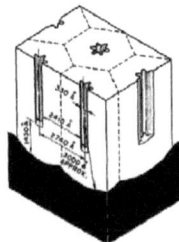

FIGURE 2.2: Vue de dessus et schéma montrant l'auto-organisation de l'alumine [85].

croissance de la structure organisée de pores d'alumine sont détaillés dans les références suivantes [86, 87]. La croissance des pores d'Al_2O_3 s'effectue à l'interface entre le métal et l'oxyde (Al/Al_2O_3) selon la réaction suivante :

$$2Al^{3+} + 3O^{2-} \rightarrow Al_2O_3 \qquad (2.1)$$

Les ions Al^{3+} et O^{2-} migrent ainsi vers l'électrolyte sous l'effet du champ électrique induit par la tension d'anodisation appliquée entre le disque d'aluminium et la contre-électrode de platine. Les contraintes induites par cette migration des ions et par le champ électrique provoque l'apparition de dépressions de tailles diverses et faiblement organisées à la surface du substrat d'aluminium. Au cours du temps, la croissance de ces dépressions se poursuit et les pores vont peu à peu apparaître et s'organiser jusqu'à former des domaines présentant une organisation hexagonales et un diamètre de pores uniforme. Comme indiqué plus haut, l'organisation des pores au sein de ces domaines peut couvrir plusieurs cm^2 de manière uniforme. Vu les fortes tensions appliquées durant l'anodisation, un échauffement local au niveau de la pointe de chaque pore est observé. C'est ainsi qu'un contrôle précis de la température au cours de l'anodisation est déterminant pour garantir la qualité des couches poreuses. Le paramètre principal d'anodisation est la tension appliquée. C'est elle qui détermine à la fois le diamètre des pores (d_p) et la distance inter-pores (d_{int}). Il a été démontré [86] empiriquement que l'interdistance d_{int} entre deux pores est directement proportionnelle à la tension d'anodisation appliquée selon la relation suivante :

$$d_{int} = 2,5 \times U \qquad (2.2)$$

où d_{int} est exprimée en nm et U en volts.

Il en résulte des membranes poreuses poly-domaines, c'est-à-dire des pores parfaitement ordonnés de quelques μm^2. La figure 2.3 montre, en coloration artificielle, les différents domaines ordonnés selon un réseau hexagonal.

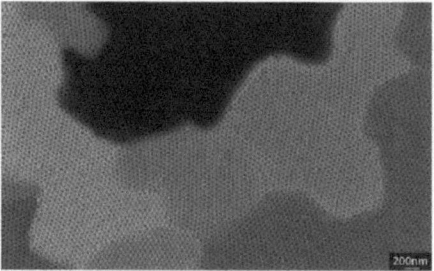

FIGURE 2.3: Illustrations de la formation de poly-domaines du réseau hexagonal d'alumine [90].

Plus tard, des méthodes de pré-marquage de la surface ont été proposées [88]. Elles permettent d'obtenir une organisation hexagonale parfaite à grande échelle : membrane mono-domaine. On peut citer l'utilisation de la lithographie électronique ou de la lithographie interférentielle laser pour effectuer cette étape préliminaire (cf. figure 2.4) [89].

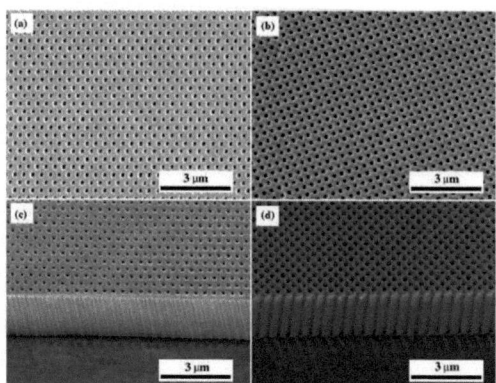

FIGURE 2.4: Membrane d'Al_2O_3 parfaitement organisées de manière hexagonale (a,c), carrée (b,d). Pré-marquage réalisé par lithographie interférentielle laser [89].

Il existe en outre deux modes de croissance des membranes d'alumine nano-poreuse : l'anodisation douce, usuelle, et l'anodisation dure. L'anodisation douce se fait en milieu acide principalement dans H_2SO_4, $H_2C_2O_4$ et H_3PO_4. Nous pouvons soulever deux points faibles dans la méthode d'anodisation douce : une vitesse de croissance de la couche relativement faible (de l'ordre de 2 μm·h^{-1}) et une distance inter-pores constante définie par la relation 2.2. En 2006, l'anodisation dure de l'aluminium a été proposée pour palier, en partie, ces défauts [87]. Ainsi, en appliquant des tensions d'anodisation beaucoup plus élevées et en utilisant un électrolyte d'acide oxalique ou d'acide sulfurique, la vitesse de croissance des membranes d'alumine nano-poreuse peut être jusqu'à 40 fois supérieure. La distance inter-pores devient dans ce cas présent :

$$d_{\text{int}} = 5 \times U \tag{2.3}$$

Le figure 2.5 montre les différences en termes de morphologie, de paramètres d'anodisation (comme la tension appliquée et l'acide employé), ainsi que la vitesse de croissance dans chacun des cas, pour les anodisations douce et dure. La figure 2.6 résume donc les différentes géométries de membranes d'Al$_2$O$_3$ que l'on peut fabriquer selon les deux méthodes anodiques. Cependant, l'anodisation dure ne permet pas d'obtenir spontanément des couches présentant un ordre de haute qualité.

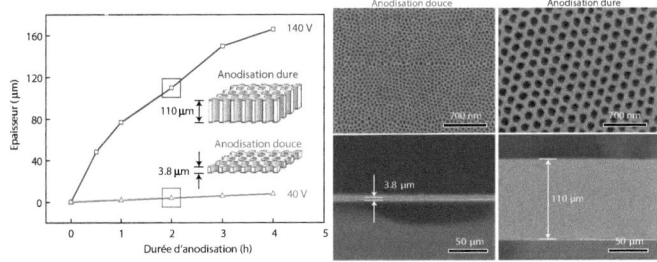

FIGURE 2.5: Comparaison des modes de croissance par anodisations douce et dure [87].

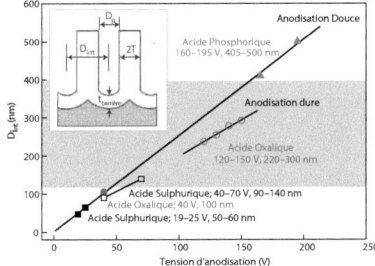

FIGURE 2.6: Morphologies des membranes d'Al$_2$O$_3$ obtenues par anodisations douce ou dure [87].

2.2.3 Etapes de fabrication des membranes d'alumine

La croissance des membranes d'alumine se fait à partir d'un disque d'aluminium massif de quatre centimètres de diamètre (pureté 99,999%, épaisseur 1 mm). Le procédé d'anodisation, décrit en figure 2.7, consiste tout d'abord en une première étape préliminaire de nettoyage de la surface d'aluminium à l'aide d'un bain d'isopropanol afin de retirer les contaminations dues au laminage des disques et autres résidus. L'étape de polissage électro-chimique de la surface d'Al (figure 2.7a,b) s'effectue dans un électrolyte composé d'éthanol et d'acide perchlorique (3 : 1), sous l'application d'une tension électrique de 20 V. Le courant résultant est de l'ordre de 1 mA/cm^2. La surface du disque d'aluminium est alors débarrassée de la couche d'oxyde natif. On obtient quasiment une finition poli-miroir. La surface est donc très peu rugueuse. Ceci favorise une répartition homogène des pores auto-organisés à sa surface. Le potentiel d'anodisa-

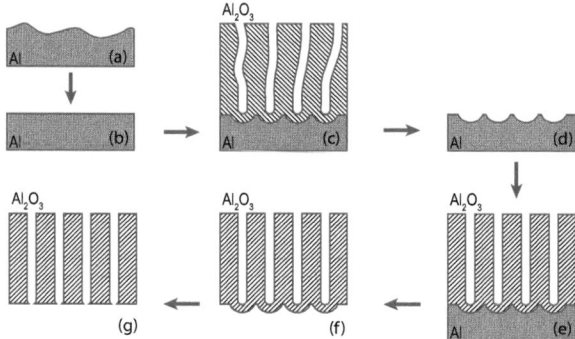

FIGURE 2.7: Schéma de principe de croissance par oxydation anodique des membranes d'alumine à partir d'un disque d'aluminium. (a) Disque d'aluminium, (b) disque d'Al électro-poli, (c) membrane d'Al$_2$O$_3$ après la première étape d'anodisation, (d) préstructuration de l'Al après dissolution de la membrane d'Al$_2$O$_3$, (e) membrane d'Al$_2$O$_3$ après la seconde étape d'anodisation, (f) membrane libre après dissolution de l'Al, (g) dissolution de la couche barrière.

tion est appliqué à l'aide d'un générateur Agilent N5751A qui peut délivrer une tension jusqu'à 300 V. Après la première étape d'anodisation qui dure 24 h, les pores d'alumine obtenus sont relativement peu organisés, peu verticaux, et répartis de manière non uniforme à la surface du disque d'aluminium (figure 2.7c). Après cette durée, la couche poreuse comme à s'auto-organiser et s'ordonne progressivement. L'apex des pores devient devient organisé. A ce stade, la membrane d'alumine est alors dissoute dans un bain d'acide chromique (H$_2$CrO$_4$) thermalisé à 50°C pendant 12 h. Le substrat d'aluminium conserve une pré-structuration (figure 2.7d) qui induira lors d'une seconde anodisation, la croissance de pores verticaux, initiée au niveau des dépressions de la surface structurée. La seconde anodisation se fait alors dans les mêmes conditions que la précédente induisant la formation de pores verticaux, hautement organisés de façon hexagonale à la surface du disque d'aluminium (figure 2.7e). L'épaisseur de la membrane dépend de la durée de la seconde anodisation avec une croissance des pores de l'ordre de 2 μm·h^{-1}. Selon le diamètre souhaité pour la membrane finale, la tension d'anodisation choisie sera différente. Les tensions usuelles qui sont appliquées sont 25 V, 40 V et 195 V pour des pores d'un diamètre respectif de 20, 40 et 180 nm. Le choix de l'électrolyte est effectué en fonction de la conductivité ionique des ions en solution qui est plus ou moins favorable en fonction de la tension d'anodisation appliquée. Ainsi, l'acide sulfurique (H_2SO_4, 0,3 mol·L^{-1}), l'acide oxalique ($H_2C_2O_4$, 0,3 mol·L^{-1}) et l'acide orthophosphorique (H_3PO_4, 1% en masse) seront choisis respectivement pour des tensions d'anodisation de 25, 40 et 195 V. Le contrôle de la température est très important pour éviter

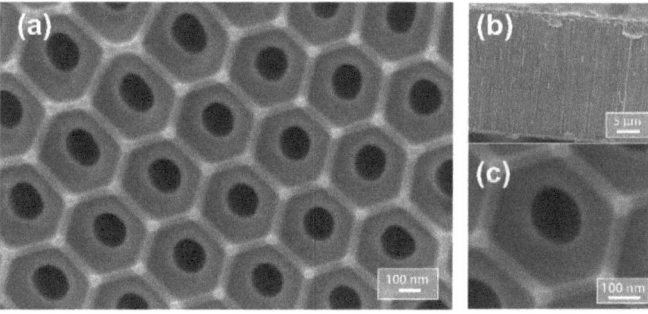

FIGURE 2.8: (a,c) Image MEB d'une membrane d'alumine nano-poreuse crue dans une solution d'acide oxalique, seconde anodisation d'une durée de 7h, (b) Vue en section transverse.

un échauffement trop grand. La température des cellules électrochimiques et de l'électrolyte est ainsi régulée et ajustée respectivement à 0, 8 et 10°C, selon que la tension d'anodisation soit 195, 40 ou 25 V. Le diamètre des pores de la membrane peut être légèrement modulé (agrandi) à l'aide d'une dissolution chimique en présence d'acide phosphorique 10%. En effet, en plongeant la membrane dans ce type de solution pendant quelques minutes, l'acide va attaquer de façon isotrope le pore au niveau de sa paroi intérieure et conduira à un élargissement de son diamètre (jusqu'à 500 nm). Ce type de manipulation est toutefois à réaliser avec précaution dans la mesure où si l'immersion est trop longue, les pores risquent de se trouver totalement dissous. Récemment, il a été montré par E. Moyen et coll. [90] que le diamètre des pores pouvait être score diminué pour atteindre une taille inférieure à 10 nm. On peut alors envisager la fabrication de structures uni-dimensionnelles exhibant ainsi de nouvelles propriétés comme le confinement quantique. Ainsi, le rapport d'aspect peut être encore accru (jusque'à 1 : 4000). Ce type de pores s'obtient en réalisant un traitement galvanostatique de la surface d'alumine préalablement à la seconde anodisation. Enfin, il est également possible de dissoudre l'aluminium supportant la membrane d'alumine pour obtenir une structure non-supportée, en utilisant une solution de sulphate de cuivre, d'acide chlorhydrique et d'eau (2 : 1 : 10). Dans ce cas, il est préférable de protéger la membrane par le dessus en y étalant du polystyrène dilué dans du chloroforme, en utilisant une tournette. Le polystyrène peut ensuite être retiré en plongeant la membrane dans un bain de chloroforme pendant quelques heures. Si l'on souhaite obtenir une membrane poreuse ouverte de part et d'autre, la dernière étape de fabrication consiste à dissoudre la couche barrière d'alumine (figure 2.7g et 2.9). Dans ce cas, la membrane doit être disposée à la surface d'un bain d'acide phosphorique 10% thermalisé à 37°C. La durée d'immersion pour obtenir une membrane parfaitement ouverte dépend alors de l'épaisseur de la couche barrière de l'alumine. C'est-à-dire de la tension d'anodistion appliquée et de l'électrolyte utilisée. Ainsi, pour des membranes de 25, 40 et 180 nm de diamètre, la durée sera respectivement de 8, 18 et 45 min. Le masque résultant peut être utilisé pour l'évaporation de métaux par exemple ou pour la gravure d'un substrat avec un motif ordonné préétabli [91, 92].

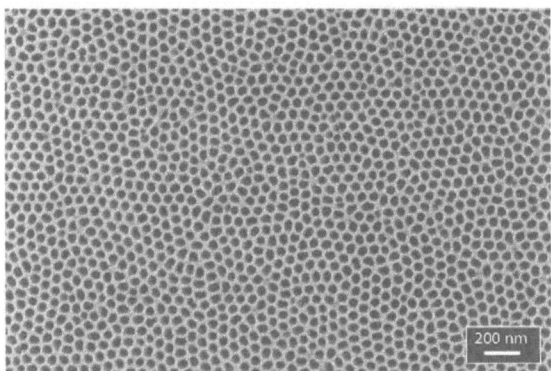

FIGURE 2.9: Image MEB d'une membrane d'alumine vue en face arrière après dissolution de la couche barrière (pores de 40 nm de diamètre).

2.3 Les nano-tubes de dioxyde de titane

2.3.1 Introduction

Le titane est un métal relativement abondant sur la Terre, il est principalement extrait de l'ilménite ($FeTiO_3$). Il est utilisé comme métal dans des applications de haute technologie notamment en aéronautique, où sa haute résistance à la corrosion est combinée à sa faible densité et à sa solidité. L'oxyde le plus courant qui lui est associé est le dioxyde de titane. Il en existe trois variétés cristallographiques. Le rutile, de conformation orthorhombique, l'anatase qui est quadratique, et la brookite qui est un oxyde hydraté que l'on trouve dans les gisements miniers. En 1972, Fujishima et Honda découvrent la dissociation photo-catalytique de l'eau sur TiO_2 sous éclairage UV [93], et depuis, un grand nombre de recherches ont été entreprises sur ce matériaux aux propriétés remarquables. Ce matériau est largement utilisé aujourd'hui. Il sert, par exemple, de pigment dans les peintures, d'absorbeur UV dans les crèmes solaires, d'électrode dans le traitement des eaux usées ou de revêtement pour les implants dentaires. Depuis les années 1990 et l'étude des nano-structures, de nombreuses propriétés ont été identifiées et l'on trouve des applications dans de multiples domaines tels que la chimie [94], l'énergie [95], la biologie [96] ou encore l'optique [97]. Parmi les différentes formes de TiO_2 nano-structuré, les propriétés intéressantes des nano-tubes ont été révélées dans ces différents secteurs d'activité. Les nano-tubes peuvent être utilisés aussi bien pour la production que pour le stockage d'énergie. Leur emploi dans les cellules photovoltaïques à colorant (cellules de Grätzel) en est un bon exemple [98, 99]. Dans le cas de la photo-conversion, la faible épaisseur des parois des nano-tubes augmente le rendement car toute l'épaisseur du matériau est utile et l'architecture tubulaire induit une meilleure diffusion de la lumière à l'intérieur de la structure ainsi qu'un meilleur transport des charges photo-générées [100]. Les nano-tubes peuvent également être utilisés en remplacement des électrodes de graphite dans les batteries Li-ion [101–104]. Les propriétés photo-catalytiques du TiO_2 dues à sa large bande interdite (3,2 eV), sont également intéressantes, par exemple, pour la photo-électrolyse de l'eau, où le substrat nano-structuré de TiO_2 peut ainsi être utilisé comme photo-électrode [105, 106]. De plus, le dioxyde de titane nano-structuré sous forme de tubes peut être utilisé comme membrane photo-catalytique ou encore être combiné à un autre catalyseur comme des nano-particules d'or pour accroître leurs performances [107]. Dans le domaine biologique, le dioxyde de titane se caractérise par sa biocompatibilité et sa résistance totale aux fluides corporels. Il est utilisé à des fins thérapeutiques comme matériau de base à la fabrication de prothèses orthopédiques ou dentaires. De plus, il possède une haute résistance mécanique et surtout un module d'élasticité très bas, qui le rendent compatible mécaniquement avec les structures osseuses. Il existe de nos jours des revêtements avancés qui accélèrent la prise de l'os sur l'implant. L'adhésion, la multiplication, la croissance et la différenciation de cellules souches mésenchymateuses en cellules osseuses sur des nano-tubes de TiO_2 ont, par exemple, été décrites récemment de même que la destruction de cellules cancéreuses sous éclairage UV [108]. Enfin, le dioxyde de titane trouve des applications dans le traitement des surfaces. Dans l'industrie du verre, du carrelage, ou du ciment. Le principe de la photo-catalyse peut être employé dans le cadre de revêtements auto-nettoyants en association avec l'hydrophobie du revêtement accrue par le TiO_2. Cette dernière propriété confère au matériau la capacité de réduire l'adhérence des salissures. Dans la présente étude, les nano-tubes de TiO_2 ont été utilisés à la fois pour leur grande surface fonctionnalisable (cf. chapitre 4) mais également pour leurs propriétés semi-conductrices et photo-catalytiques (cf. chapitre 5). Nous allons présenter dans cette partie les mécanismes entrant en jeu durant la croissance des nano-tubes de TiO_2 ainsi que le procédé expérimental utilisé.

2.3.2 Mécanismes de croissance des nano-tubes

Les nano-tubes de dioxyde de titane peuvent être élaborés à partir d'un substrat de titane massif ou à partir d'un film mince déposé sur un autre substrat comme le silicium ou le verre. Le processus de formation met en jeu plusieurs étapes successives résumées sur la figure 2.10. La première phase consiste en l'oxydation du métal. Une couche d'oxyde se forme à la surface du substrat de titane (figure 2.10b). La réaction se produisant lors de la formation de l'oxyde est la suivante :

$$Ti + 2H_2O \rightarrow TiO_2 + 4e^- + 4H^+ \qquad (2.4)$$

Après la formation d'une fine couche d'oxyde initiale, les anions et les produits de dissolution migrent à travers le film d'oxyde vers l'interface métal/oxyde où ils réagissent avec le titane. Les ions métalliques Ti^{4+} migrent quant à eux de l'interface métal/oxyde vers l'électrolyte. Ils sont éjectés de l'oxyde sous l'application d'un champ électrique dirigé vers l'interface oxyde/électrolyte. Sous l'application de ce champ électrique, les liaisons titane-oxygène (Ti–O) subissent une polarisation et sont ainsi affaiblies, ce qui favorise la dissolution des cations Ti^{4+} dans l'électrolyte et la migration des ions ainsi produits vers l'interface métal/oxyde. La figure 2.11 permet de visualiser les mécanismes de déplacement des ions d'une interface à l'autre. Durant l'anodisation, un processus de dissolution chimique de l'oxyde intervient en parallèle [109]. Il est initié

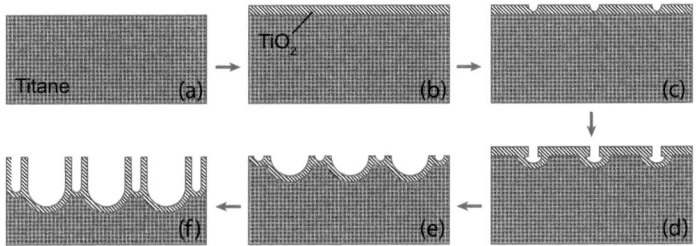

FIGURE 2.10: Schéma de principe de croissance par oxydation anodique des nano-tubes de TiO$_2$ à partir d'un substrat massif de Ti.

sous l'action des ions fluorures présents dans l'électrolyte par l'ajout d'acide fluorhydrique ou de fluorure d'ammonium par exemple. Ces ions jouent un rôle essentiel dans la formation de la structure nano-tubulaire plutôt qu'un film dense de TiO$_2$. Au début du phénomène, le processus de passivation par anodisation prédomine devant le procédé de dissolution chimique. Ceci est dû au champ électrique relativement important par rapport à l'épaisseur de la couche d'oxyde. A ce stade, les ions fluorures induisent la formation de piqûres à la surface du film d'oxyde : elles constitueront le point de départ de la formation des pores (figure 2.10c). Ces piqûres se forment localement au niveau de défauts de surface. Ceci peut être décrit par la réaction suivante :

$$TiO_2 + 6F^- + 4H^+ \rightarrow TiF_6^{2-} + 2H_2O \qquad (2.5)$$

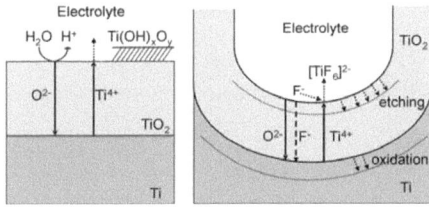

FIGURE 2.11: Illustration la migration des ions aux interfaces métal/oxyde et oxyde/électrolyte en présence ou non d'ions F$^-$ [109].

Ensuite, ces piqûres deviennent des pores et vont grandir et se multiplier à la surface de l'oxyde, selon le procédé évoqué précédemment. La vitesse de croissance de l'oxyde à l'interface métal/oxyde et la vitesse de dissolution au fond du pore s'équilibrent alors. Nous observons ainsi un régime stationnaire de la formation des nano-tubes. En opposition avec les membranes d'alumine poreuse, lorsque les pores principaux deviennent plus profonds, des vides interstitiels commencent à apparaître entre ces pores (figure 2.10e). Ceci entraîne la séparation des pores et la formation de véritables nano-tubes (figure 2.10f). L'épaisseur du film poreux cesse de croître lorsqu'un régime stationnaire s'établit entre le taux de dissolution chimique de l'oxyde à l'embouchure du nano-tube et la croissance à sa base. Plus la tension d'anodisation est importante et plus l'oxydation anodique ainsi que le champ électrique augmentent. Ceci induit la formation d'une couche de nano-tubes d'une épaisseur accrue avant que les deux vitesses de dissolution et de formation ne s'équilibrent. La dissolution chimique par les ions est le processus clé à l'origine de la formation de tubes auto-organisés. L'action électrochimique sur la formation des nano-tubes dépend aussi bien du potentiel d'anodisation que de la composition de l'électrolyte. Le taux de dissolution chimique est également déterminé par le pH de la solution.

2.3.3 Electrolyte et morphologie des nano-tubes

Le dispositif expérimental est constitué d'une cellule électrochimique munie d'un système standard à 3 électrodes reliées à un potentiostat/galvanostat (Modulab Solartron Analytical) pouvant appliquer des tensions jusqu'à 100 V. L'électrode de référence est une électrode au sulphate mercureux (ESM, $Hg/Hg_2SO_4/K_2SO_4$) avec un potentiel $E° $ =0,64 V $vs.$ ENH. Parmi les électrolytes à disposition pour l'élaboration des nano-tubes par voie anodique, deux catégories peuvent être utilisées : électrolytes aqueux ou électrolytes organiques. La seule contrainte pour obtenir une structure auto-organisée et non un film d'oxyde dense, est que l'électrolyte contienne des ions fluorures. Il a également été montré que la croissance de nt-TiO_2 peut s'effectuer en solution chlorurée [110], en remplacement des ions fluorures, mais dans ce cas précis, la morphologie des tubes sera modifiée. En plus de la présence des ions F^-, la morphologie des nano-tubes obtenus sera différente selon la valeur et la durée de la polarisation anodique, le pH et la nature du solvant utilisé [111–114]. La figure 2.12 montre la morphologie typique de nano-tubes crus en électrolyte aqueux. Les tubes sont répartis de manière uniforme à la surface du substrat, leur paroi est ondulée et les nano-tubes ne présentent pas une géométrie circulaire au niveau de leur ouverture. Leur diamètre moyen est de l'ordre de 80 nm.. La figure 2.13 montre une image des nano-tubes renversés, vus par le bas. L'apex au niveau de la fermeture des tubes laisse apparaître la couche barrière de TiO_2 qui constitue la fermeture des nano-tubes.

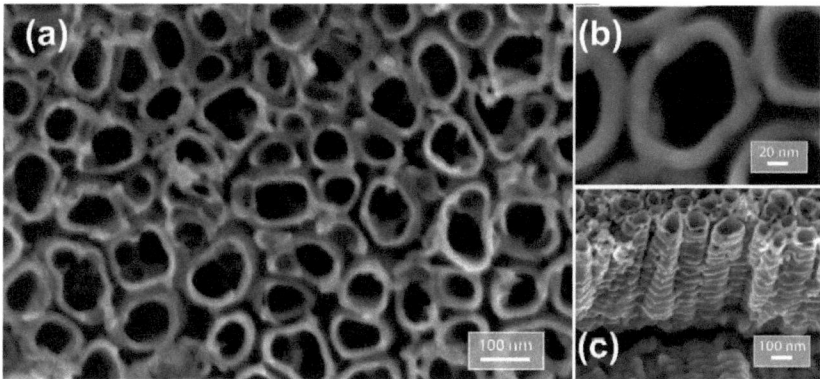

FIGURE 2.12: (a,b) Image MEB de nano-tubes de TiO$_2$ crus dans une solution aqueuse (NaOH 1 M + H$_3$PO$_4$ 1 M + HF 0,5%) à 20 V pendant 2 h, (c) Vue en section tranverse.

FIGURE 2.13: Image MEB de nano-tubes de TiO$_2$ renversés crus dans une solution aqueuse (NaOH 1 M + H$_3$PO$_4$ 1 M + HF 0,5%) à 20 V pendant 2 h.

La concentration en ions fluorures dans l'électrolyte a une influence directe sur la densité de courant observée lors de l'anodisation. En utilisant une solution de H$_3$PO$_4$ et de NaOH de concentrations molaires et en ajoutant de l'acide fluorhydrique dans des concentrations croissantes, la densité de courant varie. La dissolution de l'oxyde par les ions F$^-$ correspond à une dépassivation de la surface. Lorsque nous passons d'un régime passif à un régime transpassif, le métal est à nouveau oxydé ce qui se traduit par une augmentation du courant. Notons que pour une concentration en ions F$^-$ trop importante (supérieure à 1% en général), les nano-tubes sont totalement dissous en même temps que la couche d'oxyde. Il en est de même si l'échantillon n'est pas rincé à l'eau désionisée et retiré de la cellule électrochimique immédiatement après l'achèvement de l'anodisation, la structure est alors partiellement ou entièrement dissoute par les ions fluorures. En l'absence d'ions fluorures, l'oxyde se présente sous la forme d'un film bidimensionnel dense ou légèrement poreux mais la structure nano-tubulaire n'est pas observée. La figure 2.14 présente la courbe j vs. t de référence réalisée sans ions F^- alors que les suivantes sont réalisées respectivement avec des concentrations en HF de 0,05, 0,1, 0,25 et 0,5%. Ces courbes montrent une augmentation de la densité de courant avec la concentration en ions F^-. Ceci caractérise la croissance des nano-tubes, avec une diminution de l'épaisseur de la couche d'oxyde au fond du tube ce qui induit une densité de courant plus importante si l'on augmente la concentration en ions fluorures.

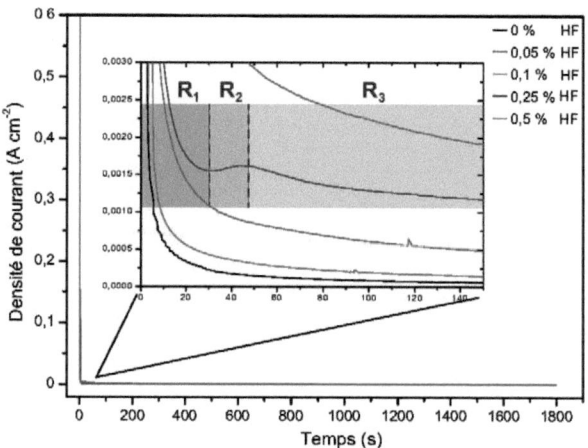

FIGURE 2.14: Courbe j vs. t caractéristique de la croissance de nano-tubes de TiO_2 dans en solution aqueuse en présence d'ions fluorures en différentes concentrations. Trois étapes R_1, R_2 et R_3 sont à distinguer.

Le transitoire obtenu pour une concentration de 0,25% montre bien les trois étapes caractéristiques de l'évolution de la densité de courant au cours de la croissance des nt-TiO_2. La région R_1 correspond à la formation d'un film uniforme de TiO_2 à la surface du substrat de Ti. La piqûration de la surface d'oxyde se produit dans la région R_2 et la croissance des nano-tubes qui est initiée au niveau de ces défauts de surface se poursuit pendant la phase R_3.

L'expérience montre que le diamètre des pores est proportionnel à la tension d'anodisation (U) appliquée [109, 115, 116] :

$$D = 2,5 \times U \qquad (2.6)$$

où U est exprimée en volts et D en nanomètres. La figure 2.15a montre ainsi l'évolution du diamètre des nano-tubes crus en solution aqueuse (H_3PO_4 1 M + NaOH 1 M + HF 0,5%), en fonction de la tension pour une durée constante de 120 min. Nous pouvons voir que cette loi est respectée pour des tensions appliquées jusqu'à 30 V. Au delà, la courbe expérimentale ne suit plus la loi empirique car la morphologie de l'embouchure de tubes est très fortement altérée. En effet, pour de fortes tensions d'anodisation, lorsque l'électrolyte utilisé est un solvant aqueux, la paroi des nano-tubes est modifiée et la structure tubulaire est alors perdue. Les figures 2.15b et 2.15c montrent, respectivement, l'évolution de la longueur et du diamètre des nano-tubes en fonction du temps.

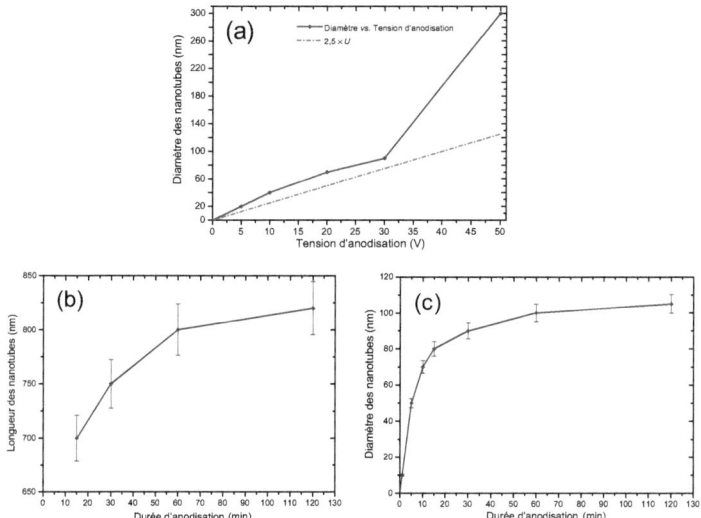

FIGURE 2.15: (a) Diamètre théorique des nano-tubes de TiO_2 en fonction de la tension d'anodisation en solution aqueuse. Longeur (b) et diamètre (c) des nano-tubes de TiO_2 en fonction de la durée d'anodisation en solution aqueuse.

Nous pouvons voir sur ces courbes que la longueur augmente lorsque le temps d'anodisation augmente. Au delà de 2 h d'anodisation, la longueur augmente toujours, mais moins rapidement avec le temps. Concernant le diamètre, celui-ci atteint une valeur seuil après environ 30 min d'anodisation, pour un diamètre compris entre 90 et 100 nm. Le diamètre ne peut plus augmenter à cause des proches voisins : phénomène d'auto-organisation. Lors de l'utilisation de solutions organiques, le solvant employé est l'éthylène glycol ou le glycérol. L'introduction d'ions F^- se fait alors par ajout d'acide fluorhydrique (HF) ou de fluorure d'ammonium (NH_4F). Ces solutions

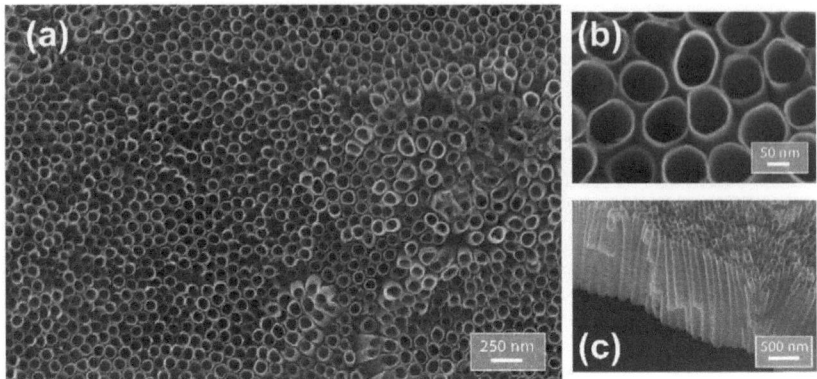

FIGURE 2.16: (a,b) Image MEB de nano-tubes de TiO$_2$ crus dans une solution d'éthylèneglycol + NH$_4$F 1% en masse, (c) Vue en section tranverse.

présentent une concentration en espèces chargées suffisamment élevée pour appliquer des polarisations de plusieurs dizaines de volts sans observer de chute ohmique. La figure 2.16 montre ainsi la morphologie de nt-TiO$_2$ ayant cru dans un électrolyte dont le solvant est l'éthylèneglycol + NH$_4$F 1% en masse. Si l'on compare ces nano-tubes avec ceux formés en solution aqueuse (cf. figure 2.12), les parois présentent un aspect plus lisse et régulier, de forme circulaire. La viscosité de l'électrolyte permet ainsi la formation de nano-tubes mieux définis de manière géométrique.

2.3.4 Structure cristalline des nano-tubes

A l'issue de l'oxydation anodique, les nt-TiO$_2$ sont amorphes. Les analyses par diffraction de rayons X (DRX) présentées en figure 2.17 montrent qu'aucune signature de l'oxyde cristallisé n'est remarquable sur le diffractogramme réalisé pour les nano-tubes n'ayant pas subi de traitement thermique post fabrication. Un recuit peut être effectué afin de les recristalliser et de faire apparaître les différentes phases du dioxyde de titane (anatase, rutile, brookite). En chauffant les nano-tubes à l'air à des températures de 450°C (pendant 30 minutes, 2 heures et 4 heures) et de 750°C (pendant 2 heures) un changement de cristallinité [117–119]. Un recuit à 450°C pendant respectivement 30 minutes, 2 et 4 heures à l'air, les pics d'intensité indexables sur les phases cristallines du TiO$_2$ apparaissent. Les pics d'intensité correspondant aux phases rutile et anatase du TiO$_2$ ressortent. Après 30 minutes de recuit, nous observons seulement la phase anatase. En revanche, au bout de 2 et 4 heures, la phase rutile apparaît également. Nous en déduisons donc qu'un temps de recuit plus important est nécessaire à l'obtention de rutile tandis que l'anatase apparaît relativement rapidement. Dans un troisième temps, nous avons procédé à un recuit à 750°C pendant 2 heures. Nous constatons ici que les pics d'intensité correspondant au substrat de titane ont complètement disparu et que seule la phase rutile apparaît. Nous pouvons ainsi nous demander si uniquement les nt-TiO$_2$ sont devenus cristallins dans la phase rutile ou bien si l'échantillon entier s'est oxydé sous l'effet de la température. La deuxième hypothèse semble la plus vraisemblable et la géométrie nano-tubulaire est alors perdue pour des recuits effectués à cette température.

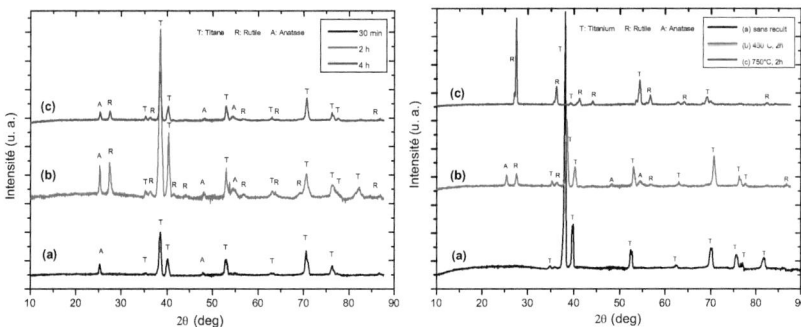

FIGURE 2.17: Evolution de la structure cristalline des nano-tubes de TiO$_2$ après recuit post fabrication à l'air à des températures variant de 450 à 750 °C pendant des durées différentes.

2.4 L'apport de l'utilisation de nano-structures

2.4.1 Matériaux nano-structurés synthétisés par ALD

Comme il l'a été décrit précédemment, le développement de nouveaux matériaux pour des applications dans le domaine de l'énergie et de l'environnement fait l'objet d'intenses recherches. Dans ce contexte, les matériaux nano-structurés apparaissent comme de bons candidats, grâce à leurs propriétés propres et à la possibilité de combiner différents matériaux en contrôlant de façon précise leurs interactions à l'échelle nanométrique. C'est ainsi que leurs propriétés peuvent être améliorées à cette échelle, voir de nouvelles propriétés peuvent apparaître. La technique de dépôt par couche atomique, ou ALD, constitue un moyen efficace d'obtenir des structures de matériaux composites en combinant leurs différentes propriétés [120–123]. Le défi actuel réside dans le fait de pouvoir maîtriser à cette échelle, la structuration du support, constitué d'un matériau A, doté de propriétés physico-chimiques définies, que l'on souhaite combiner avec un second matériau B doté de propriétés différentes pour l'application finale visée. Ceci est, par exemple, le cas du dépôt de métaux sur des surfaces d'oxydes, où selon l'énergie de surface du matériau, la morphologie du dépôt finale ne sera pas la même (films ou particules par exemple). Dans cette optique, l'ALD semble être la méthode de choix pour réaliser ce type de structuration car elle consiste en un procédé relativement simple, reproductible, produisant des films de bonne qualité et conformes sur de grandes surfaces [16, 124]. De plus, l'ALD ne reste pas confinée dans les laboratoires de recherche mais elle a d'ores et déjà été utilisée à l'échelle industrielle, et notamment dans l'industrie de la microélectronique pour la fabrication de condensateurs MIM bidimensionnels dans la technologie des mémoires vives dynamiques (DRAMs) ou pour la fabrication de transistors semi-conducteurs à oxyde de métal complémentaire (CMOS) [125].

Les dépôts ALD permettent de couvrir des objets de nature et de géométrie très variées, que ce soit des structures à fort rapport d'aspect, nano-particules, nano-tubes, nano-fils, substrats biologiques ou encore des substrats souples [126]. Le figure 2.18 montre ainsi quelques exemples de matériaux structurés ou fonctionnalisés par ALD. Les différentes structures présentées sont issues des travaux suivants [123, 127–136]. Des catalyseurs métalliques peuvent également être déposés sur des oxydes [137], favorisant ainsi la croissance d'ilôts 3D plutôt que de film 2D. Ceci sera étudié plus amplement au chapitre 4.

2.4.2 Applications des matériaux nano-structurés pour l'énergie

– Catalyse et piles à combustible

Certains matériaux nano-structurés peuvent être synthétisés par ALD pour la catalyse hétérogène. Les applications visées se trouvent principalement dans la chimie industrielle ou l'énergie pour les automobiles [138]. Afin d'accroître les performances des matériaux catalytiques et de réduire leur coût de fabrication, l'utilisation de catalyseurs nanométriques est complètement adaptée du fait qu'ils présentent une grande surface active. L'ALD a été utilisée à de nombreuses reprises pour déposer des oxydes comme l'alumine en guise de supports, mais également en tant que protection à l'empoisonnement de certains catalyseurs métalliques tel que le Pt ou le Pd [50]. Plusieurs travaux montrent ainsi l'amélioration des propriétés catalytiques de ces matériaux pour des applications dans les piles à combustible [56, 139, 140]. Les membranes d'alumine ou encore les nano-tubes de TiO_2 ont été utilisés plusieurs fois en temps que support aux catalyseurs [141].

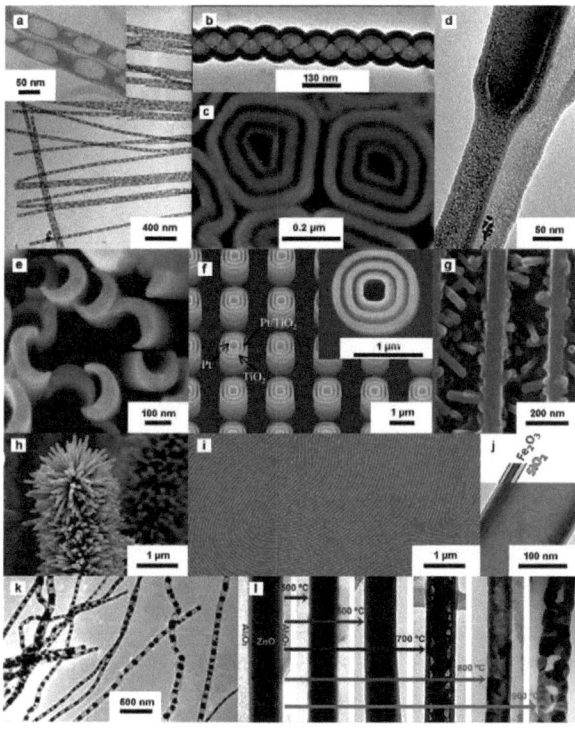

FIGURE 2.18: Nano-structures complexes de matériaux élaborées par ALD. (a) Nano-fils hybrides TiO_2/SiO_2, (b) nano-tube hélicoïdale d'alumine, (c) nano-tubes de HfO_2 multi-parois, (d) modulation du diamètre de nano-tubes d'oxyde de fer ferromagnétiques, (e) demi nano-tubes d'Au, (f) ensemble ordonné de structures Pt/TiO_2 métal/semi-conducteur multi-parois imbriquées, (g) nano-tiges 3D de TiO_2, (h) nano-structures hiérarchiques de ZnO, (i) nano-structuration de substrats, (j) structures de nano-fils cœur-coquille, (k) nano-particules métalliques de Cu supportées sur un nano-tube, (l) hétérostructures de ZnO/Al_2O_3 synthétisées par effet Kirkendall montrant l'évolution d'un nano-fils vers un nano-tube poreux. [120]

– *Batteries et condensateurs*

Les dispositifs électrochimiques de conversion de l'énergie électrique sont également une issue intéressante de la structuration de matériaux par ALD. Ainsi, pour améliorer la cathode des micro-batteries au lithium, des nano-particules de $LiCoO_2$ ont, par exemple, été déposées et protégées par un dépôt ALD d'Al_2O_3 montrant une amélioration de 250% de la cyclabilité de la batterie comparée à des nano-particules dépourvues de film de protection. $LiCoO_2$ a également été déposé directement par ALD montrant de bons résultats en terme de rendement des batteries au Li [142, 143]. Les condensateurs MIM peuvent également être améliorés par dépôt ALD notamment de la couche diélectrique (cf. chapitre 1) [31].

2.4.3 Conclusion

La technique ALD est donc un procédé de premier choix pour l'élaboration et la fonctionnalisation de substrats, de catalyseurs et de films permettant la conversion et le stockage de l'énergie. C'est ainsi la technique qui a été sélectionnée dans la présente étude pour réaliser les dispositifs de conversion de l'énergie, à la fois pour la fabrication de nano-condensateurs (cf. chapitre 3) et de catalyseurs supportés pour la conversion de l'énergie électrochimique en énergie électrique (cf. chapitre 4). Dans le paragraphe suivant, le principe de l'ALD ainsi que le dispositif expérimental utilisé durant nos travaux sont présentés.

2.5 Dispositif expérimental de fonctionnalisation des nano-structures

La méthode utilisée pour fonctionnaliser les nano-structures précédemment décrites (Al_2O_3 nano-poreuse et nano-tubes de TiO_2) est le dépôt par couche atomique, usuellement dénommée par son acronyme anglais ALD (*atomic layer deposition*). Ce procédé de dépôt chimique en phase vapeur permet un contrôle couche atomique par couche atomique de la croissance du dépôt réalisé. La technique ALD a été introduite dans le début des années 1970 par un finlandais, Tuomo Suntola [144]. Cependant, certains travaux menés à l'Académie des Sciences Russe avaient été entrepris dès 1952, notamment avec la thèse du Prof. V.B. Aleskovskii qui fut très peu diffusée car écrite en langue russe. Cette technique, à l'interface entre la croissance par épitaxie et le dépôt chimique en phase vapeur, d'ailleurs appelée *atomic layer epitaxy (ALE)* à ses débuts, consiste en une réaction de chimisorption de molécules qui sont injectées dans la chambre de réaction de manière successive. C'est d'ailleurs le fait d'exposer la surface de l'échantillon de manière alternée à chaque précurseur qui différencie le procédé ALD d'un dépôt chimique en phase vapeur « classique » du type CVD.

2.5.1 Principe de croissance par ALD

- Principe général

De manière générale, le principe de croissance ALD, couche atomique par couche atomique, consiste en l'injection successive de molécules en phase gazeuse. Ces réactifs sont le plus souvent au nombre de deux, proviennent de précurseurs solides, liquides ou gazeux. Le fait d'exposer la surface de l'échantillon à un seul précurseur à la fois permet une réaction de chimie de surface et autorise un dépôt hautement conforme sur la surface exposée, au niveau des sites actifs de la surface. Un cycle ALD se décompose en quatre étapes principales. La figure 2.19, sur l'exemple du dépôt d'alumine, illustre ce procédé. La première étape consiste a exposée la surface de l'échantillon au précurseur A, trimethylaluminium (TMA) dans cet exemple (figure 2.19b) qui va réagir avec les sites –OH en surface (figure 2.19a). Une fois que tous les sites sont occupés, le précurseur en excès ainsi que les produits de réaction (méthane dans ce cas) sont extraits de la chambre de dépôt par pompage (figure 2.19c et 2.19d). Le précurseur B, H_2O dans cet exemple, est alors injecté dans le réacteur de manière à remplacer des $-CH_3$ encore liés à l'Al et terminer ainsi le cycle de croissance (figure 2.19e). Une fois que tous les sites chimiques de surface disponibles sont occupés, les molécules en excès et les produits de réaction sont à nouveau pompés (figure 2.19f). Une première monocouche du matériau est alors obtenue (figure 2.19g). Le nombre de couches, et donc l'épaisseur du dépôt, dépend ainsi directement du nombre de cycles ALD effectués (figure 2.19h). On peut alors utiliser un formalisme de type réaction chimique pour décrire le cycle de dépôt (cf. chapitre 3).

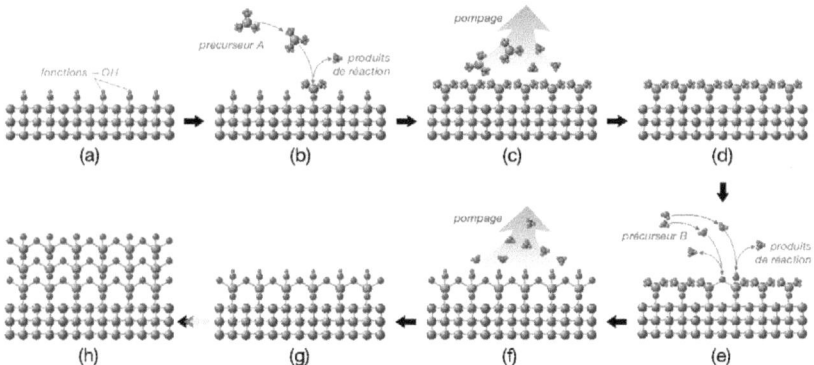

FIGURE 2.19: Schéma de principe de cycle ALD, réaction des précurseurs chimiques avec la surface de du substrat.

– *Fenêtre ALD*

L'ajustement des paramètres de dépôt et plus particulièrement de la température, dépend de la volatilité des précurseurs chimiques employés, de l'énergie d'activation nécessaire pour les faire réagir ainsi que de leur possible décomposition ou désorption si le chauffage est trop important. Il existe une gamme de température, appelée fenêtre ALD, caractéristique pour chaque espèce chimique employée, pour laquelle les conditions de dépôt sont optimales. Comme nous pouvons le constater sur la figure 2.20, en dehors de cette fenêtre, si la température est trop basse, le précurseur chimique aura tendance à se condenser ou alors sa réactivité sera moindre. A l'inverse pour une température trop élevée, le précurseur sera alors décomposé ou re-évaporé. Pour être certain d'avoir déposé exactement une monocouche de molécules après un cycle ALD, il faut donc se placer dans ces conditions de température.

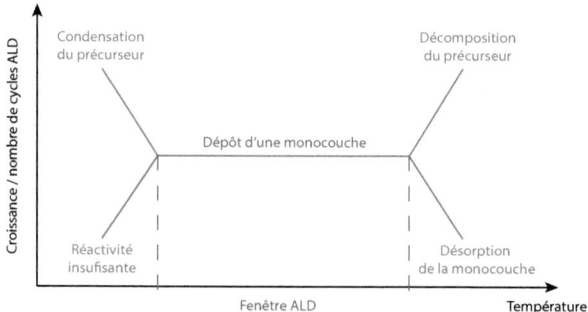

FIGURE 2.20: Illustration de la fenêtre ALD.

La température de dépôt est donc ajustée en fonction de la pression de vapeur saturante du précurseur chimique employé. Ceci est d'ailleurs l'une des motivations du choix de l'utilisation d'un précurseur plutôt qu'un autre. Une régulation précise de la température non seulement de la chambre de dépôt mais également du réservoir contenant le précurseur doit être effectuée afin d'avoir un contrôle optimal de la croissance des dépôts.

– *Activation de la réaction*

Le chauffage de l'enceinte permet l'apport énergétique nécessaire pour passer la barrière d'activation de la réaction de surface mise en jeu. L'activation des molécules peut également être assistée par un plasma. Lors de l'utilisation du plasma, la vitesse de croissance des films peut ainsi être notablement améliorée. Le plasma permet la formation de radicaux en ionisant le gaz utilisé ce qui augmente la réactivité des espèces. Il a été démontré ainsi que la fenêtre ALD pouvait être élargie car la température de dépôt est ainsi diminuée. Il existe cependant des limitations liées à son utilisation pour activer la réaction. Tout d'abord la durée de vie des radicaux est relativement courte. Il est donc plus difficile de décorer des structures 3D. Dans le plasma, les espèces chimiques subissent de fortes collisions. Ceci peut les faire réagir avant d'avoir atteint la surface, les endommager ou bien altérer le dépôt lui-même. Enfin, pour ne pas entrer en compétition avec un procédé CVD, les durées de diffusion et de purge des précurseurs doivent être suffisamment grandes entre l'injection successive des deux types de précurseurs utilisés afin d'éviter qu'ils ne réagissent entre eux avant d'être adsorbés à la surface de l'échantillon.

– *Couche atomique par couche atomique ?*

Bien que sa dénomination nous le laisse penser en théorie, la méthode ALD ne permet pas toujours d'obtenir une monocouche atomique complète à chaque cycle. En effet, bien qu'en se plaçant dans des conditions de températures optimisées, il existe dans la plupart des cas une partie des molécules du précurseur qui se décomposent sous l'effet du chauffage, qui sont inactives ou qui ne réagissent pas avec la surface de l'échantillon. De même, les précurseurs chimiques utilisés en ALD sont souvent des molécules comportant une partie organique avec de longues chaînes carbonées ou des atomes relativement volumineux, ce qui induit un encombrement stérique important. Dans ce cas précis, tous les sites actifs de la surface de l'échantillon ne peuvent être occupés. Il est important de noter cependant que même si la surface n'est pas saturée à chaque cycle, on ne perd pas le contrôle couche atomique par couche atomique puisqu'un site actif de surface ne peut réagir qu'avec une seule molécule de précurseur. Un taux moyen de la croissance par cycle est ainsi calculé sur l'ensemble du nombre de cycles ALD réalisé lors d'un même dépôt.

2.5.2 Chambre de dépôt ALD

Plusieurs configurations du réacteur ALD peuvent être utilisées. Ainsi, la chambre de dépôt peut se présenter sous la forme d'un tube, favorisant ainsi l'écoulement laminaire des précurseurs d'un bout à l'autre du tube. D'autres encore se présentent sous la forme d'une chambre de faible hauteur, quasiment plate, et l'injection des précurseurs se fait par un système de lignes de distribution des gaz se situant en dessous du porte-échantillon. La chambre de dépôt ALD (figure 2.21) utilisée pour la présente étude est un réacteur commercial de type Fiji du groupe Ultratech/Cambridge Nanotech Inc. L'entrée des échantillons dans la chambre de dépôt se fait via une boîte à gants qui lui est directement connectée. L'intérêt de la boîte à gants sous atmosphère inerte d'argon est double. D'une part, elle permet de remplir en toute sécurité les canisters de précurseurs chimiques dont certains sont sensibles à l'air ambiant voire pyrophoriques au contact de l'eau et de l'oxygène. D'autre part, elle permet également de conserver les échantillons avant et après dépôt ALD dans des conditions inertes.

Un système de distribution de gaz est connecté à l'enceinte de dépôt. Certains gaz sont utilisés en tant que gaz vecteurs permettant d'entraîner les molécules de précurseurs chimiques jusqu'à la surface de l'échantillon et d'autres sont utilisés directement en tant que réactifs et participent à la croissance du matériau souhaité. Les gaz vecteurs disponibles sont l'argon et l'azote tandis que les gaz actifs sont le dihydrogène, l'ammoniac, l'azote et le dioxygène. L'enceinte ALD dispose en outre d'un générateur permettant de transformer le dioxygène en ozone, utilisé soit pour activer chimiquement la surface de l'échantillon préalablement au dépôt du matériau souhaité, soit pour participer en tant qu'espèce oxydante dans le cas de dépôts d'oxydes. Les réservoirs contenant les précurseurs chimiques peuvent être chauffés, notamment lorsque ces derniers se présentent à l'état solide. Il est à noter que le flux de précurseurs et de gaz est contrôlé par des vannes ayant une résolution temporelle élevée. L'injection des précurseurs chimiques jusqu'à la zone de dépôt se fait par l'intermédiaire d'un système de tubulures permettant de connecter 4 canisters extérieurs. L'annexe E présente un plan du réacteur et du système d'injection des gaz et des précurseurs. Des structures chauffantes, disposées le long des lignes de distribution de gaz, évitent la condensation durant leur parcours avant d'atteindre la chambre de réaction. Le réacteur ALD utilisé au laboratoire est également doté d'un système d'injection de gaz vecteur directement dans le canister contenant le précurseur afin d'améliorer sa volatilité dans le cas de précurseurs à faible pression de vapeur saturante. Enfin, la chambre de dépôt est surmontée d'un générateur de plasma pouvant appliquer une puissance jusqu'à 300 W. Ceci permet donc à la fois de déposer des films par activation thermique seulement ou bien par activation assistée par plasma. Le réacteur peut être pompé continuellement mais dispose également d'une vanne qui peut le cas échéant être fermée afin d'augmenter l'exposition aux différents précurseurs. Dans le présent travail, suivant les matériaux déposés, ces deux systèmes ont été utilisés afin de mener une étude comparative des dépôts obtenus.

– *Suivi in situ de la croissance des dépôts*

En terme de caractérisations et de suivi *in situ* de la croissance des matériaux déposés, la chambre du réacteur ALD dispose de plusieurs ports accueillant un ellipsomètre ainsi qu'une

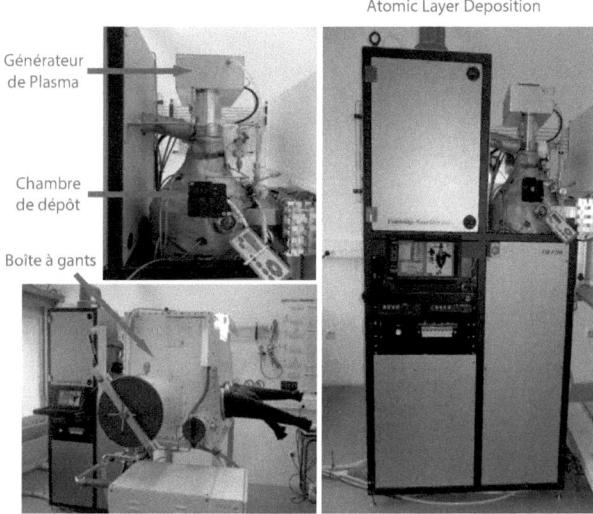

FIGURE 2.21: Illustration du dispositif expèrimental ALD utilisé au cours de cette thèse.

micro-balance à quartz (QCM). L'éllipsomètre spectroscopique permet d'avoir accès à certaines informations quant à la qualité des dépôts en surface, avec mesure de la rugosité, mesure de l'épaisseur et suivi dynamique des dépôts. Cette méthode optique consiste a exposé l'échantillon à un faisceau lumineux polychromatique, qui est réfléchi sur le film déposé et renvoyé vers un détecteur. Par une mesure des caractérisques optiques (indices, constantes optiques) propre au matériau étudié, couplée avec un modèle mathématiques permettant de simuler la surface du matériau considéré, il est alors possible de déterminer en particulier l'épaisseur et la rugosité du dépôt. L'éllipsomètre dont est équipé le système de caractérisation est un Woolam M-2000V, travaillant à une longueur d'onde variant de 370 à 1000 nm. Dans le cadre de notre étude, les caractérisations par éllipsométrie ont été réalisées *ex situ*.

– *Caractérisations morphologique, géométrique et structurale des dépôts*

Un grand nombre de techniques de caractérisation post-dépôts ont été mises en œuvre afin de déterminer la qualité des films réalisés. La composition chimique des dépôts a été étudiée par spectroscopie de photo-électrons X (XPS), spectrométrie de masse d'ions secondaires à temps de vol (ToF-SIMS) et spectroscopie de dispersion d'énergie (EDS). Les contrôles de l'épaisseur, de la morphologie et de la continuité des films et des agrégats déposés ont été étudiés par microscopies électroniques à balayage (MEB) et en transmission (MET). La technique MET a également permis l'étude de la structure cristallographique des échantillons, de même que la diffraction des rayons X aux petits angles (DRX). La rugosité des films minces a également été investiguée par ellipsométrie et par microscopie à force atomique (AFM). Un descriptif du mode de fonctionnement des principales méthodes de caractérisation qui ont été utilisées est proposé en annexes de ce manuscrit.

2.6 Conclusion

Nous avons vu dans ce chapitre comment structurer à l'échelle nanométrique des substrats afin qu'ils présentent une architecture 3D. Les méthodes sont soit électrochimiques, soit chimiques en phase vapeur (ALD). Les chapitres suivants seront l'occasion de montrer quelques résultats permettant la fonctionnalisation de ces supports afin de les intégrer à des dispositifs nécessitant une source d'énergie. A la fois les nano-tubes de TiO_2 mais également les membranes d'alumine poreuses ont été combinés tantôt à des films actifs déposés par ALD (chapitre 3), tantôt à des catalyseurs sous la forme de nano-particules (chapitre 4) ou encore à des matériaux semi-conducteurs pour des applications de photo-conversion (chapitre 5).

Chapitre 3

Systèmes métal/isolant/métal pour le stockage de l'énergie.

3.1 Introduction

Nous allons présenter dans ce chapitre les dépôts successifs de couches minces conductrices et diélectriques que nous avons réalisés afin de les intégrer à des dispositifs MIM pour fabriquer des nano-condensateurs. Le procédé utilisé est l'ALD et les dépôts ont été effectués à la fois sur des supports plans et sur des supports 3D constitués par des membranes d'alumine poreuse dont le principe de fabrication a été développé au chapitre précédent. Dans cette partie, nous motiverons le choix des matériaux considérés, à savoir le TiN pour les électrodes conductrices du condensateur, Al_2O_3 et HfO_2 en ce qui concerne la couche séparatrice isolante. L'étude de la qualité des dépôts, de leur composition chimique, ainsi que de leur structure cristalline sera exposée.

3.2 Dépôt des électrodes conductrices de TiN

3.2.1 Motivation dans le choix du matériau

Le nitrure de titane est un matériau assez couramment utilisé en microélectronique en tant que contact, comme barrière de diffusion pour la métallisation de l'aluminium ou du cuivre, pour sa faible résistivité électrique et son haut point de fusion, sa stabilité thermique et ses bonnes propriétés d'adhésion [145-147]. Parmi les procédés usuellement utilisés pour déposer les films de TiN, les techniques PVD et CVD sont les plus courantes [148, 149]. L'obstacle majeur avec ce type de techniques réside dans le fait qu'elles ne permettent pas le dépôt sur des structures à fort rapport d'aspect et que les films résultants sont très souvent contaminés ou pollués [150]. L'ALD semble donc une alternative intéressante pour former des films de bonne qualité et conformes le long des parois lors du dépôt sur des structures 3D. Les précurseurs chimiques utilisés pendant longtemps pour les dépôts de TiN par ALD sont des précurseurs halogénés (TiI_4 ou $TiCl_4$) [151, 152]. En effet, les halogénures ont une grande stabilité thermique, leur pression de vapeur saturante est élevée (13 Torr à 25°C pour $TiCl_4$) et donc très réactifs. Cependant, l'inconvénient de ce type de précurseurs halogénés est qu'ils produisent des films relativement contaminés au niveau de leur composition chimique et, de plus, les produits de réaction engendrés (HCl, HI) sont particulièrement corrosifs pour l'enceinte de dépôt.

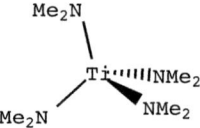

FIGURE 3.1: Représentation de la molécule de TDMAT

Dans notre étude, nous avons choisi d'utiliser un précurseur de la famille des amidinates, le tetrakisdiméthylaminotitane (TDMAT) dont la formule semi-développée est présentée en figure 3.1. Bien qu'ayant une pression de vapeur saturante moindre, les dépôts contiennent souvent moins de contaminations que lors de l'utilisation d'un précurseur halogéné et les produits de réaction ne sont pas corrosifs [153–157]. Sa pression de vapeur saturante est de l'ordre de 0,067 Torr à 25°C, et le précurseur nécessite donc un chauffage au niveau du réservoir avant d'être injecté vers la chambre de réaction. Le second précurseur qui est utilisé durant le cycle ALD peut être soit l'ammoniac, soit un mélange azote/hydrogène en tant qu'agent réducteur. Dans cette étude, NH_3 a été choisi.

La figure 3.2 présente le diagramme de phase du TiN. Ce diagramme de phase binaire montre plusieurs solutions solides dont les principales sont notées α et β, qui sont respectivement une solution solide de N dans du Ti de conformation hexagonale compacte (hcp) et de conformation cubique corps centré (bcc). Les solutions solides δ et ϵ sont également à noter [158].

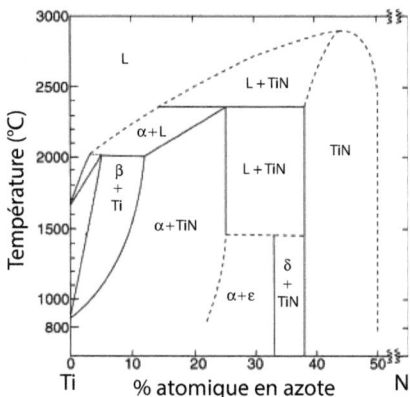

FIGURE 3.2: Diagramme de phase binaire Ti-N

Chapitre 3 - Systèmes métal/isolant/métal pour le stockage de l'énergie. 65

3.2.2 Paramètres expérimentaux

Afin d'accroître la pression de vapeur saturante du précurseur de TDMAT et d'assurer le transport de sa vapeur jusqu'à la chambre de dépôt, le réservoir externe est chauffé à 75°C, augmentant ainsi sa pression de vapeur saturante aux alentours de 2 Torr. Le précurseur de TDMAT est un composé liquide, de couleur orangée, commercialisé par STREM Chemicals, d'une pureté de 99%. La ligne de distribution de gaz (*manifold*) ainsi que la ligne principale allant jusqu'à la chambre de réaction est maintenue à 150°C. Ces paramètres de température étant ajustés, la variation des conditions thermiques d'activation du précurseur au sein même de la chambre ont été étudiées. Nous avons ainsi effectué des dépôts en chauffant le réacteur respectivement à 200°C, 250°C et 300°C et nous avons également testé l'activation plasma des précurseurs en appliquant une puissance de 300 W pour une température de la chambre de dépôt de 200°C. Le second précurseur utilisé est l'ammoniac, qui se présente sous forme gazeuse. Il est commercialisé par Linde Gas avec une haute pureté de 99,9996%. Les temps d'injection des deux précurseurs sont ajustés de manière à obtenir une saturation de la chambre de dépôt afin que les espèces chimiques soient suffisamment nombreuses pour occuper tous les sites actifs ($-NH_2$) disponibles à la surface du support à fonctionnaliser. Après plusieurs essais, le temps optimal d'injection du TDMAT a été ajusté à 1 s, tandis que celui d'ammoniac est de 6 s. Afin de ne pas être dans des conditions CVD, c'est-à-dire dans le cas où les précurseurs réagiraient ensemble en phase gazeuse avant d'être adsorbés à la surface de l'échantillon, les temps de diffusion et de purge du réactif en excès et des produits de réaction doivent être suffisamment longs. Ceci assure l'évacuation de la totalité des espèces présentes dans le réacteur ALD avant d'injecter le second précurseur. La variation de la pression au cours du cycle ALD peut également être suivie afin d'optimiser le temps de purge. Ainsi le temps de diffusion/purge après l'impulsion de TDMAT a été fixé à 9 s, tandis que le temps de diffusion/purge après le pulse d'ammoniac a été ajusté à 8 s. En effet, nous avons pu constater que lorsque nous nous trouvons dans des conditions de dépôt CVD, le film devient granuleux et une fine couche de particules apparaît à l'œil nu à la surface de l'échantillon. Lors du dépôt assisté par plasma, la séquence d'injection/ purge du TDMAT et de NH_3 a été la suivante : 200 ms, 6 s, 20 s, 5 s.

3.2.3 Mécanisme de croissance par ALD

Avant de rendre compte des caractéristiques physico-chimiques des films de TiN obtenus, il est important d'introduire le mécanisme réactionnel mis en jeu pour former ce matériau. Nous nous basons sur un mécanisme proposé dans des travaux précédents [159, 160], ainsi que sur les observations et résultats obtenus. Dans un premier temps, la molécule de TDMAT ($Ti(N(CH_3)_2)_4$) est adsorbée à la surface de l'échantillon, au niveau des sites actifs $-NH_2^{s\ 1}$. Ces sites proviennent en partie de l'activation préalable de la surface en injectant de l'ammoniac afin de saturer la chambre avant le dépôt. Une étape de transamination se produit alors entre le TDMAT et les sites $-NH_2^s$ disponibles. Des molécules de diméthylamine ($HN(CH_3)_2$) sont libérées par réaction avec les atomes d'hydrogène disponibles en surface (figure 3.3). La réaction se produisant est la suivante :

$$2NH_2^s + Ti(N(CH_3)_2)_4 \rightarrow (HN)_2Ti(N(CH_3)_2)_2^s + 2HN(CH_3)_2 \qquad (3.1)$$

Deux groupements amino $N(CH_3)_2$ restent alors liés à la molécule s'étant adsorbée à la surface. Se produit ensuite l'attaque par l'ammoniac qui réagit avec les groupements amine et libère à nouveau deux molécules de diméthylamine selon la réaction suivante :

$$2NH_3 + (HN)_2Ti(N(CH_3)_2)_2^s \rightarrow (HN)_2Ti(NH_2)_2^s + 2HN(CH_3)_2 \qquad (3.2)$$

La figure 3.3 donne une représentation schématique du mécanisme de dépôt.

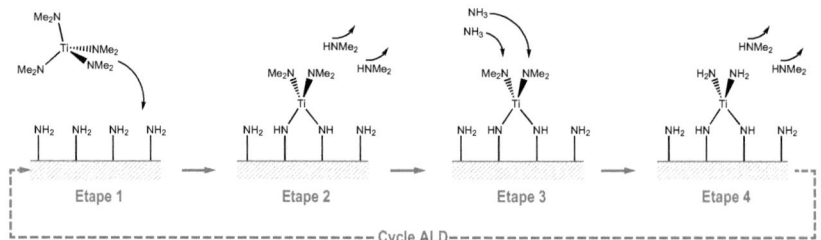

FIGURE 3.3: Représentation schématique du mécanisme de croissance du film de TiN.

La libération des deux composés diméthylamino ($HN(CH_3)_2$) permet de conserver à la surface des sites actifs $-NH_2$ qui accueillerons la molécule de TDMAT lors du cycle ALD suivant. Certaines études menées notamment par Elam et coll. [160] ont montré que les molécules $HN(CH_3)_2$ vont progressivement s'accumuler dans le film au fur et à mesure des cycles ALD, ce qui peut expliquer en partie l'oxydation partielle des films (cf. paragraphe 3.2.4), en surface plus particulièrement,

---

1. La notation ^{s} sur certaines molécules signifie que celle-ci se trouve en surface. Elle est ainsi lié par une liaison covalente au support.

mais probablement dans le volume du matériau également. Ceci pourrait être confirmé ou non par une étude chimique sur le profil en épaisseur de la couche formée (par profilométrie XPS par exemple).

3.2.4 Analyse de la composition chimique

Pour les différentes conditions de dépôt évoquées précédemment, nous avons réalisé le dépôt de TiN, dans chacun des cas, à la fois sur un substrat plan de silicium (100), recouvert d'une couche native de SiO_2 et également sur une membrane d'alumine poreuse dont les pores ont typiquement un diamètre de 40 nm et une profondeur de 15 μm. L'analyse de la composition chimique a été effectuée à l'aide d'un spectromètre de photo-électrons X (XPS) HA150 de la société VSW. Le détecteur est muni d'une électrode au magnésium avec une émission K_α dont l'énergie est 1253,6 eV. Il est à noter que nous obtenons un décalage en énergie sur certains spectres d'analyse dû à l'appareil d'acquisition qui est généralement étalonné sur le niveau d'énergie Au 4f d'un échantillon d'or qui sert de référence aux mesures. Une description plus précise de cette technique de caractérisation est proposée en annexe D. La déconvolution des spectres XPS obtenus a été effectuée en utilisant un modèle de fond continu proposé par Shirley, disponible dans le programme XPS Peak 4.1 [161]. Les largeurs à mi-hauteur des pics (FWHM) ont été fixées à la même valeur pour deux contributions attribuées à une même liaison chimique [162].

– Activation thermique :

La figure 3.4 résume l'analyse XPS effectuée pour le dépôt de TiN réalisé à 250°C. Le pic d'énergie Ti 2p présente deux doublets Ti $2p_{1/2}$ et Ti $2p_{3/2}$ pouvant être déconvolués respectivement en deux contributions. L'une se situe à des énergies respectives de 458,2 eV et 463,4 eV, attribuées principalement aux liaisons Ti–N avec probablement une part de Ti–C car les énergies de liaison sont très rapprochées. Ceci peut s'expliquer par le précurseur TDMAT lui-même qui contient une quantité non négligeable d'atomes de carbone qui peuvent avoir tendance à se lier aux atomes de Ti. Une autre explication réside dans le fait que la température de dépôt reste élevée et peu ainsi favoriser la formation et la diffusion du carbone dans le film. L'autre contribution des deux doublets Ti $2p_{1/2}$ et Ti $2p_{3/2}$ se situe respectivement à 460,2 eV et 465,4 eV. Elle peut être attribuée à des liaisons Ti–O dans TiO_2 mais elle peut également être vue comme la contribution provenant d'un composé TiO_xN_y comme le laisse suggérer certains travaux réalisés antérieurement [163, 164]. Les pourcentages atomiques de chaque espèce en présence sont récapitulés dans le tableau 3.1. Comme nous pouvons le voir, la contribution en oxygène n'est pas négligeable et le composé TiO$_x$N$_y$ semble prédominer. Il est important de rappeler ici que l'XPS est une méthode de caractérisation chimique de surface ayant une profondeur de pénétration de quelques nanomètres dans la couche à analyser. La contribution de la phase oxydée peut donc provenir simplement de la surface et pas forcément du volume du film. Cette oxydation a pu se produire soit pendant le processus de dépôt lui-même, soit encore à la sortie de la chambre de dépôt et lors de sa remise à l'air.

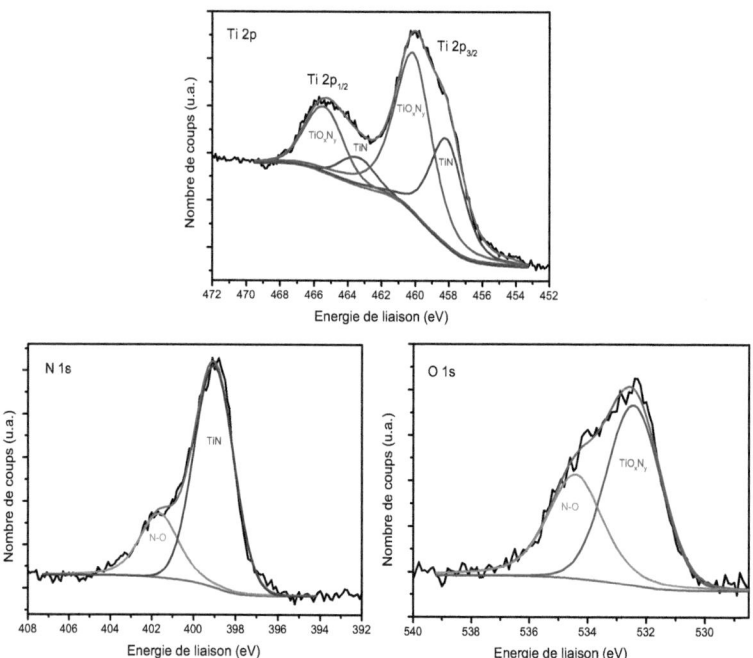

FIGURE 3.4: Analyses XPS d'un dépôt de TiN réalisé sous activation thermique à 250°C.

Espèce	Déconvolution	EL (eV)	FWHM (eV)	Assignation	at. %
Ti	Ti 2p$_{3/2}$	458,2	2,43	TiN	29,7
	Ti 2p$_{3/2}$	460,2	2,57	TiO$_x$N$_y$ / TiO$_2$	48
	Ti 2p$_{1/2}$	463,4	2,43	TiN	6,8
	Ti 2p$_{1/2}$	465,4	2,57	TiO$_x$N$_y$ / TiO$_2$	15,5

TABLE 3.1: Dépôt de TiN effectué à une température de 250°C.

Bien que les échantillons soient conservés en boîte à gant sous atmosphère d'Ar contrôlée, en l'absence d'oxygène, le bâti d'analyse XPS n'étant pas connecté directement au bâti de dépôt, l'échantillon est inévitablement en contact avec l'air avant d'être analysé. Il faut enfin noter que les niveaux d'énergie des contributions Ti–N et Ti–C sont très proches. Il n'est donc pas impossible qu'une partie du TiN soit transformée en TiC. La figure 3.4 montre également le pic d'azote N 1s révélant une contribution indéxable sur les liaisons Ti–N, ce qui est en accord avec la contribution analogue observée précédemment au niveau d'énergie Ti 2p. Des liaisons N–O sont également à noter. Ceci est corrélé avec la déconvolution du pic d'énergie O 1s qui laisse apparaître les contributions N–O, TiO_xN_y et TiO_2. Par ailleurs, une contribution du carbone (niveau d'énergie C 1s) est détectable. Ce qui montre qu'une pollution carbonée est présente. Cette pollution reste en quantité relativement faible en comparaison des autres contributions, et semble effectivement inévitable aux vues de la couronne organique que comporte la molécule de TDMAT et de la température de dépôt qui reste élevée. Le même type d'analyses XPS ont été effectuées pour des dépôts de TiN réalisés respectivement à 200°C et 300°C. Les résultats sont résumés dans les tableaux 3.2 et 3.3.

Espèce	Déconvolution	EL (eV)	FWHM (eV)	Assignation	at. %
Ti	Ti $2p_{3/2}$	458,8	2,47	TiN	19
	Ti $2p_{3/2}$	460,4	2,46	TiO_xN_y / TiO_2	52
	Ti $2p_{1/2}$	464,1	2,47	TiN	10
	Ti $2p_{1/2}$	465,7	2,46	TiO_xN_y / TiO_2	19

TABLE 3.2: Dépôt de TiN effectué à une température de 200°C.

Espèce	Déconvolution	EL (eV)	FWHM (eV)	Assignation	at. %
Ti	Ti $2p_{3/2}$	458,5	2,49	TiN	24,7
	Ti $2p_{3/2}$	460,5	2,49	TiO_xN_y / TiO_2	39,2
	Ti $2p_{1/2}$	463,6	2,49	TiN	13,1
	Ti $2p_{1/2}$	465,8	2,49	TiO_xN_y / TiO_2	22,9

TABLE 3.3: Dépôt de TiN effectué à une température de 300°C.

Ils montrent que lorsque la température de dépôt augmente, la quantité du composé oxydé TiO_xN_y/TiO_2 diminue sensiblement. Cela laisse supposer que le film étant moins oxydé, ses propriétés notamment en termes de conductivité électrique, seront améliorées. Cependant ceci est contrebalancé par une augmentation de la quantité de carbone avec la température. La température optimisée de dépôt semble donc se situer autour de 250°C pour être à la fois dans la fenêtre ALD et éviter les phénomènes de condensation ou de décomposition des précurseurs, mais également pour avoir un juste intermédiaire entre les parts d'oxydes contenues dans les films et la pollution au carbone. Les dépôts suivants ont donc été réalisés dans ces conditions de température.

– *Activation par plasma :*

Afin de permettre de réduire la température de dépôt tout en restant dans les conditions de la fenêtre ALD du TiN, une activation par plasma des précurseurs a été testée avec une température de la chambre de dépôt ajustée à 200°C. Les résultats de l'analyse XPS sont présentés en figure 3.5 et les données caractéristiques de chacune des déconvolutions sont résumées dans le tableau 3.4.

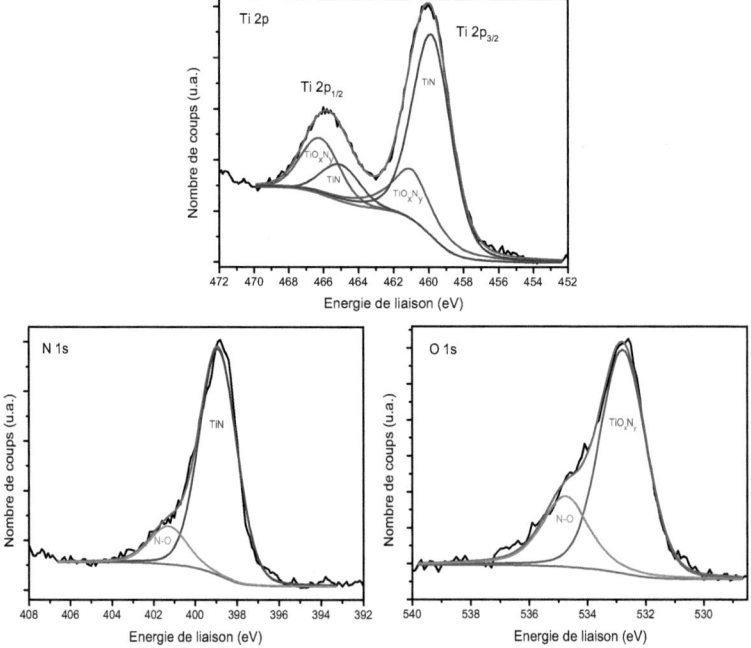

FIGURE 3.5: Analyses XPS d'un dépôt de TiN réalisé sous activation plasma à 200°C.

Les résultats présentés ici laissent apparaître une quantité bien moins importante en espèces oxydées TiO_xN_y/TiO_2 par rapport à l'activation simplement thermique des précurseurs à 250°C. La contamination au carbone est également proportionnellement moins élevée. Ceci montre que le recours à l'utilisation du plasma combinée à un chauffage moins important de la chambre de dépôt permet la fabrication de films contenant moins de pollutions avec une meilleure quantité de TiN par rapport à la quantité d'espèces oxydées et ainsi une meilleure qualité des films.

Espèce	Déconvolution	EL (eV)	FWHM (eV)	Assignation	at. %
Ti	Ti $2p_{3/2}$	459,4	2,5	TiN	54
	Ti $2p_{3/2}$	460,9	2,5	TiO_xN_y / TiO_2	22
	Ti $2p_{1/2}$	464,6	2,5	TiN	8,8
	Ti $2p_{1/2}$	466,1	2,5	TiO_xN_y / TiO_2	15,2

TABLE 3.4: Dépôt deTiN effectué sous activation plasma à une température de 200°C.

3.2.5 Analyse de la morphologie et de la structure cristalline des films

La structure cristallographique des dépôts de TiN a été étudiée par diffraction de rayons X en incidence rasante. Pour des dépôts thermiques à haute température (250°C et 300°C), le film apparaît polycristallin (figure 3.6). Des contributions attribuées au TiN avec un maximum d'intensité pour des plans orientés dans les directions [111] (pic autour de 36°) et [200] (pic autour de 41°) sont observées, de même que la présence de TiO_2 cristallin. Le groupe d'espace des symétries du TiN est Fm3m. Il faut préciser ici que les analyses de diffraction X ont été effectuées sans traitement thermique ou recuit post-dépôt.

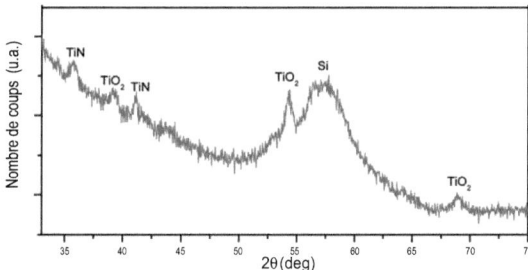

FIGURE 3.6: Diffractogramme de rayons X réalisé sur un dépôt de TiN réalisé par ALD par voie thermique à 250°C.

Il est alors un peu surprenant d'être en présence de TiO$_2$ cristallin qui a tendance à cristalliser à plus haute température (autour de 400°C) [165]. Ceci étant dit, ces observations sont en accord avec l'analyse XPS qui révèle également la présence de TiO$_2$. Afin de confirmer la structure cristalline du dépôt de TiN, l'échantillon, a été observé par microscopie électronique en transmission (le descriptif de cette méthode de caractérisation est proposé en annexe B), en section transverse et en mode diffraction (figure 3.7).

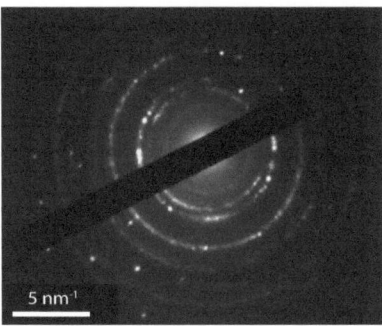

FIGURE 3.7: Cliché de diffraction par microscopie électronique en transmission d'un dépôt de TiN sur substrat de Si (100), d'une épaisseur de 65 nm.

Anneaux de diffraction R (nm^{-1})	1/R (Å)	Orientation cristalline
4,06	2,47	(111)
4,56	2,11	(200)
7,89	1,27	(311)
10,11	0,99	(331)

TABLE 3.5: Indexation des cercles de diffraction du TiN.

L'indexation des anneaux du cliché de diffraction présenté sur la figure 3.7 et au tableau 3.5 indique et confirme la présence d'une structure cristalline du TiN. Le cliché de diffraction révèle quelques tâches et des anneaux concentriques. Les orientations constatées des plans principaux se situent dans les directions [111] et [200] qui ont précédemment été observées par DRX, mais aussi dans les directions [311] et [331]. Ces résultats appuient donc le fait que le film de TiN est polycristallin. Pour des températures de dépôt moins élevées (150°C et 200°C), les diffractogrammes de rayons X ne révèlent pas la présence de plans cristallins. Seuls des pics attribuables au substrat de Si (100) sont présents. D'un point de vue des performances électriques de ces films conducteurs de TiN, il paraît assez naturel de penser que des films cristallins auront une meilleure conductivité électrique avec cependant des pertes par diffusion qui peuvent se produire au niveau des joints de grain pouvant se présenter comme des défauts. Cependant, l'image MET qui est présentée à la figure 3.8 laisse apparaître un dépôt homogène et dense, sans croissance colonnaire particulière et un faible nombre de joints de grain. Le dépôt est donc relativement de bonne qualité.

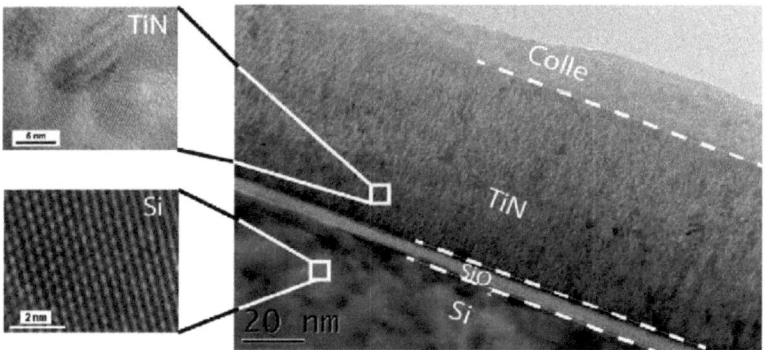

FIGURE 3.8: Image MET d'un dépoôt de TiN de 65 nm d'épaisseur sur substrat de Si (100) recouvert d'une couche d'oxyde SiO_2 natif.

Cette image MET met en évidence la présence d'un film d'oxyde natif de SiO_2 de 4 nm d'épaisseur situé entre le substrat de Si et le film de TiN (couche la plus claire sur l'image en MET). L'interface entre la couche de SiO_2 et le film de TiN est lisse et ne présente pas de défauts ou de dislocations, ce qui est un avantage pour la conductivité et la capacité des dispositifs pour les applications MIM visées. Comme nous l'avons vu auparavant, l'objectif annoncé ici est d'être en mesure de couvrir la surface de structures à fort rapport d'aspect. Les images en microscopie électrique à balayage présentées en figure 3.9 montrent un dépôt de TiN réalisé par activation plasma (300 W, 200°C) des précurseurs (figure 3.9a) et par activation thermique (250°C, figure 3.9b) sur une membrane d'alumine. Dans le cas du dépôt assisté par plasma, le film paraît conforme sur une profondeur d'environ 3 μm (les pores ayant un diamètre de 40 nm) soit un rapport d'aspect de 1 : 75, tandis que le dépôt activé par chauffage uniquement montre une couverture uniforme des pores sur une profondeur supérieure à 5 μm, soit un rapport d'aspect supérieur à 1 : 125. Il est à souligner qu'un rapport d'aspect 1 : 75 en utilisant le plasma comme méthode d'activation est un bon résultat. Nous constatons donc que la méthode d'activation par plasma permet le dépôt de films peu contaminés (cf. analyses XPS), mais cette méthode est moins efficace pour la réalisation de dépôts sur des structures à fort rapport d'aspect. Pour des applications MIM 3D, l'activation thermique des précurseurs semble donc à privilégier, mais l'activation plasma reste utilisable. L'une des raisons du moins bon taux de couverture dans le cas de l'utilisation du plasma, est que celui-ci engendre la formation de radicaux à partir des molécules du précurseur qui possèdent une durée de vie assez courte ce qui ne leur permet pas de diffuser assez profondément dans les pores.

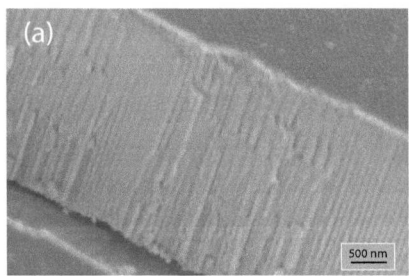 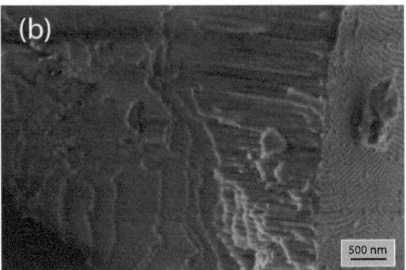

FIGURE 3.9: Images MEB d'un dépôt de TiN réalisé sous activation plasma à 200°C(a) et sous activation thermique à 250°C(b) dans une AAO.

3.2.6 Caractérisation électrique des films de TiN

Pour différentes épaisseurs de films réalisés à la fois par activation thermique ou par activation plasma, des mesures de résistivité électrique des couches ont été effectuées. L'épaisseur des couches obtenues a été déterminée par microscopie électronique en transmission et corrélée aux données recensées dans la littérature pour des recettes de dépôts analogues [152, 160, 166].

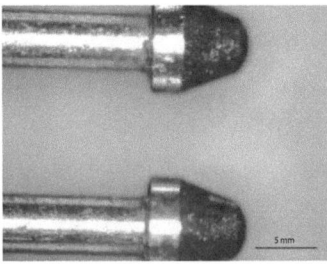

FIGURE 3.10: Image réalisée au microscope optique des pointes permettant la mesure de la résistivité.

Les données fournies par le constructeur du bâti ALD sur la vitesse de croissance du TiN dans la chambre de dépôt qui a été utilisée lors de nos expériences ont également été prises en considération. La mesure de résistivité a été effectuée à partir de la méthode des 4 pointes alignées (figure 3.10). Les pointes utilisées sont en tungstène et l'appareil de mesure est un Keithley KE 236. Selon l'épaisseur s de la couche mesurée par rapport à la distance inter-pointes t, deux équations permettent de calculer la résistivité ρ du film considéré. A savoir dans le cas où $t \gg s$, nous utiliserons la formule suivante :

$$\rho = 2\pi \cdot s \cdot \frac{V_m}{I_s} \qquad (3.3)$$

Maintenant si $t \ll s$, nous opterons plutôt pour :

$$\rho = \frac{\pi \cdot t}{\ln 2} \frac{V_m}{I_s} \qquad (3.4)$$

où V_m et I_s représentent respectivement la tension mesurée et le courant injecté. Afin de s'affranchir des pertes ohmiques dues aux fils de connexion notamment, le courant I_s est appliqué au niveau des deux pointes extérieures, et la mesure de la tension V_m est effectuée entre les deux pointes centrales. Dans le cas présent, les couches déposées sont des films minces de quelques nanomètres d'épaisseur. Nous avons donc utilisé la formule 3.4 pour effectuer le calcul de résistivité.

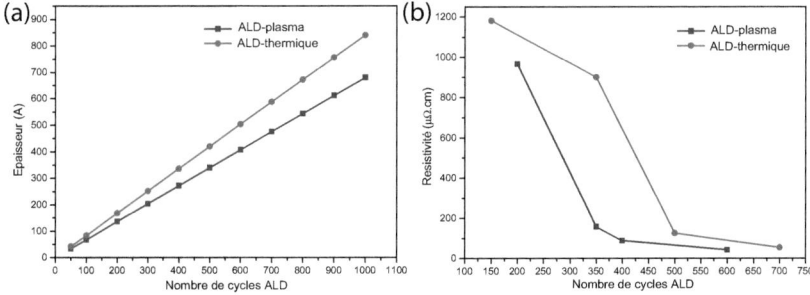

FIGURE 3.11: Epaisseur des couches de TiN en fonction du nombre de cycles (a) et mesure de résistivité de films de TiN de différentes épaisseurs (b).

La figure 3.11a montre l'épaisseur des films de TiN crus par activation plasma avec une vitesse de croissance de l'ordre de 0,68 Å/cycle et par activation thermique avec une vitesse de croissance de 0,84 Å/cycle. Les mesures de résistivité sont présentées sur la figure 3.11b. Nous voyons que la conductivité des films est directement liée à leur épaisseur. Pour les films les plus épais (50-70 nm), la gamme de valeurs se situe autour de 150 $\mu\Omega \cdot$ cm et pour des films plus minces ($<$ 30 nm), la gamme de résistivité se situe autour de 1000 $\mu\Omega \cdot$ cm. Les valeurs de conductivité des films présentés semblent donc meilleures et plus intéressantes pour des films relativement épais. Dans les deux cas, qu'il s'agisse du mode thermique ou du mode assisté par plasma, la résistivité des films de TiN diminue avec l'épaisseur. Nous constatons une résistivité relativement élevée des films pour des épaisseurs inférieures à 400 cycles ALD, c'est à dire autour de 35 nm, et une gamme de résistivité plus faible pour des films plus épais. De plus, le procédé plasma semble fournir des films moins résistifs. Cependant pour les applications MIM 3D visées, la couche de matériau des électrodes conductrices doit être nécessairement très mince (de l'ordre de 5 nm) et nous pouvons donc constater que les dépôts nécessitent encore d'être optimisés afin d'obtenir une meilleure conductivité pour des films peu épais.

3.2.7 Conclusion

Les caractérisations physico-chimiques et électriques des films conducteurs de TiN montrent que les propriétés structurales, chimiques et électriques des films sont étroitement liées aux paramètres expérimentaux de dépôt et plus particulièrement à la température et au mode d'activation des précurseurs (thermique et/ou plasma). Selon le type de substrat supportant le film de TiN, il semble plus intéressant d'utiliser un procédé avec activation plasma pour des films sur supports plans (moins de contamination des couches, bonne conformité des dépôts, bonne conductivité électrique). Dans le cas de la fonctionnalisation de supports 3D comme les membranes d'alumine, il paraît plus intéressant d'opter pour dépôt par activation thermique dans la mesure où la surface active du support recouverte sera plus grande, avec un taux de contamination des films acceptable.

3.3 Etude du dépôt de Al_2O_3 comme couche isolante

3.3.1 Introduction

Les composants MIM peuvent être élaborés sur des supports plans pour des applications de stockage de données de type mémoire, mais pour ce qui concerne le stockage d'énergie en tant que condensateur, il paraît plus intéressant d'utiliser des supports 3D afin d'accroître leur capacité en augmentant la surface des électrodes conductrices. En faisant un calcul simple, en utilisant la formule du calcul de la capacité du condensateur (équation 1.1), en prenant comme géométrie du support une membrane d'alumine de 15 µm d'épaisseur et des pores de 40 nm de diamètre, la figure 3.12a montre pour trois diélectriques différents, et pour une variation de son épaisseur, la capacité par unités de surface du dispositif fabriqué. Ces courbes théoriques nous permettent d'évaluer les performances maximales des futures dispositifs en fonction du matériau et de la géométrie choisie (épaisseur du diélectrique et profondeur de la structure 3D).

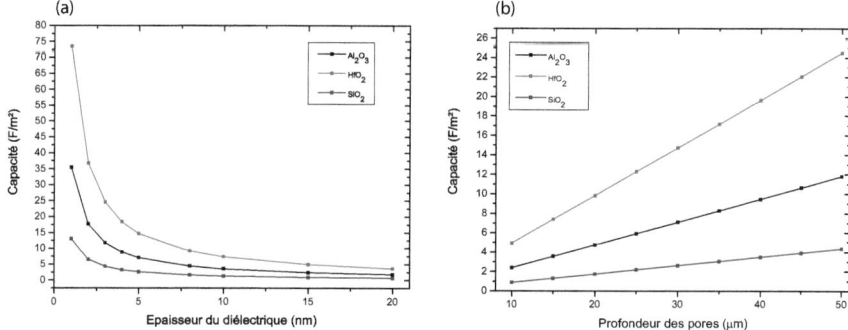

FIGURE 3.12: (a) Capacité d'un condensateur MIM supporté sur une membrane d'alumine (AAO) de 15 µm d'épaisseur avec des pores de 40 nm de diamètre, pour différentes épaisseurs données de la couche isolante séparatrice et pour des matériaux de constantes diélectriques différentes. (b) Capacité d'un condensateur MIM supporté sur une membrane d'alumine (AAO) avec des pores de 40 nm de diamètre, pour une couche isolante de 5 nm et pour différentes épaisseurs de membranes (= aires des électrodes conductrices).

Afin d'obtenir une capacité élevée, l'épaisseur de la couche diélectrique doit ainsi se située autour de 5 nm (ou moins) pour une profondeur de pore la plus grande possible. Cependant, bien que des matériaux (comme l'alumine par exemple) soient capables de diffuser facilement en profondeur, d'autres ont plus de difficultés et le taux de recouvrement du support est moindre, ce qui diminuera la valeur de la capacité du condensateur final. L'objectif est donc de trouver un juste équilibre entre le rapport d'aspect du support, l'épaisseur de la couche diélectrique, et le choix des matériaux qui seront susceptibles de recouvrir de manière conforme et uniforme, sous la forme de films, la totalité de l'aire spécifique de la structure 3D. De la même manière, la figure 3.12b montre pour trois couches diélectriques différentes, SiO_2, Al_2O_3 et HfO_2, d'une épaisseur de 5 nm, l'évolution de la capacité en fonction de l'aire des électrodes conductrices (c'est-à-dire de la profondeur des pores) en considérant des pores cylindriques de 40 nm de diamètre. Il apparaît que la capacité augmente lorsque l'aire des électrodes augmente. Ainsi, plus une structure aura une aire spécifique grande, et plus la surface des électrodes conductrices sera grande. L'alumine est l'oxyde dont le mécanisme de croissance est certainement le mieux maîtrisé et le plus répandu pour la technique ALD. Ainsi, il nous a paru dans ce travail tout à fait indiqué de commencer par l'étude du dépôt de ce matériau sur le bâti de dépôt ALD récomment installé qui a constitué le dispositif expérimental central de notre étude.

3.3.2 Paramètres expérimentaux

Une comparaison entre le dépôt ALD d'alumine par voie thermique et par voie assistée par plasma est décrite dans cette partie. Les précurseurs utilisés sont le triméthylaluminium et l'eau. La pression de vapeur saturante du TMA étant relativement élevée à température ambiante (de l'ordre de 20 Torr à 25°C), le canister contenant le produit chimique ne nécessite pas de chauffage. La ligne d'injection reliant le canister d'eau et celui de TMA à la chambre de dépôt est thermalisée à 150°C. Pour un dépôt par voie thermique, la chambre principale de dépôt est chauffée à 250°C, tandis qu'elle est chauffée à 150°C lorsqu'il s'agit d'un dépôt assisté par plasma. La puissance du plasma appliquée est de 300 W. Pour chacun de ces deux modes d'activation, le cycle ALD est constitué d'une première impulsion de TMA d'une durée de 60 ms suivi d'une impulsion d'eau comme source d'oxygène de 60 ms. Les phases d'injection des précurseurs sont séparées d'un temps de purge de la chambre de réaction d'une durée de 10 s.

3.3.3 Mécanisme de croissance par ALD

L'alumine est très certainement le matériau qui a fait l'objet du plus grand nombre de recherches depuis l'introduction de la technique ALD. En effet, le précurseur principal qui est utilisé pour son dépôt est le TMA ($Al(CH_3)_3$). C'est une molécule peu encombrante en comparaison des autres précurseurs ALD. Ainsi, le dépôt d'alumine à partir du TMA et de l'eau, est pris souvent comme modèle pour expliquer les mécanismes de croissance ALD. En effet, l'utilisation du TMA comme source d'aluminium et l'eau comme source d'oxygène présentent de nombreux avantages. Les réactions engendrées à la surface de l'échantillon sont parfaitement auto-limitantes, le TMA est très réactif, et le produit de réaction (CH_4) est inerte. D'autres classes de réactifs, comme les halogénures, les alcoxydes, les β-dicétonates ou encore les amines ne présentent pas ce type d'avantages. Il paraît alors plus intéressant de considérer des précurseurs de type alkyles, cyclopentadiényles, ou amidinates comme modèles, qui sont plus facilement généralisables à un large choix de matériaux. Dans notre étude, l'alumine a été utilisée principalement dans l'intention de calibrer les dépôts effectués dans le réacteur ALD, pour une meilleure prise en main du dispositif expérimental, afin d'étudier les mécanismes réactionnels entrant en jeu lors d'un dépôt ALD. De manière générale, les réactions régissant la croissance du film d'alumine à la surface de l'échantillon, se décomposent en deux parties. Elles sont parfois appelées demi-réaction. L'une se produit après l'exposition au premier précurseur, le TMA (équation 3.5), et la seconde se produit après l'exposition de la surface de l'échantillon au second précurseur, l'eau (équation 3.6) selon les réactions suivantes :

$$-OH^s + Al(CH_3)_3 \rightarrow -OAl(CH_3)_2^s + CH_4 \qquad (3.5)$$

$$-OAl(CH_3)_2^s \xrightarrow{H_2O} -OAl-OH^s + 2CH_4 \qquad (3.6)$$

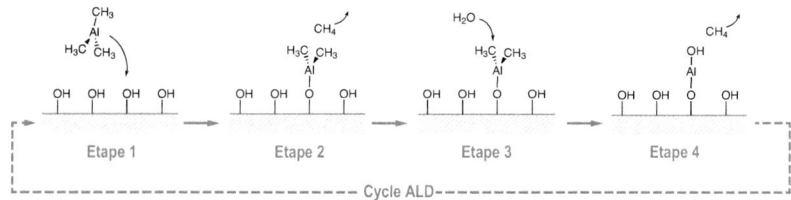

FIGURE 3.13: Représentation schématique du mécanisme de croissance du film d'Al$_2$O$_3$.

Ce mécanisme réactionnel est schématiquement représenté sur la figure 3.13. Les étapes d'adsorption-désorption des différentes espèces réagissant avec la surface activée de l'échantillon y sont présentées. Lors de la réaction respective de la surface avec le TMA puis avec l'eau (étapes 1 et 3), le produit secondaire de la réaction est le méthane. Il est évacué de la chambre de réaction avec les molécules de précurseur en excès, lors des étapes 2 et 4 de purge. Nous pouvons préciser que les oxydes sont les matériaux inorganiques les plus couramment déposés par ALD.

3.3.4 Analyse de la composition chimique

La composition chimique du dépôt d'Al$_2$O$_3$ a été analysée à la fois par XPS et par spectrométrie de masse à ionisation secondaire à temps de vol (ToF-SIMS). La technique ToF-SIMS permet en outre de rendre compte de la composition chimique d'un film mince ainsi que de l'épaisseur en procédant à l'érosion de la surface à l'aide d'ions positifs de césium (Cs$^+$). La figure 3.14 présente les résultats de l'analyse ToF-SIMS obtenus sur deux films minces d'alumine, l'un déposé par voie thermique et le second déposé par procédé assisté par plasma.

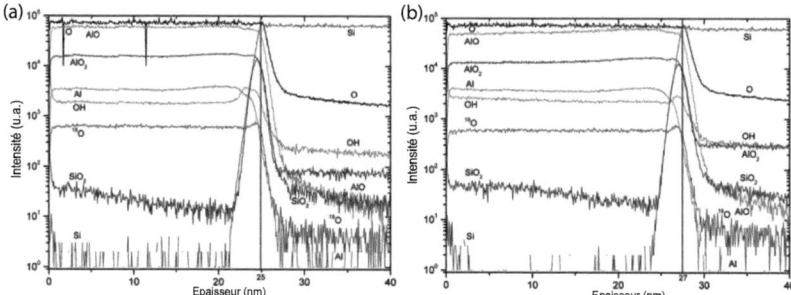

FIGURE 3.14: Profils ToF-SIMS montrant la composition de films de Al_2O_3 formés en mode thermique (a) et en mode plasma (b). Le nombre de cycles ALD est 350 dans les deux cas.

Dans les deux cas nous pouvons constater que la composition chimique est relativement proche et comporte, suivant la profondeur du film analysé, une contribution correspondant aux fragments AlO, AlO_2, Al, OH, SiO_2 et Si. Ces composés semblent ainsi confirmer le dépôt d'alumine par sa composition chimique. L'étude en profil permet de voir une diminution de toutes les espèces comportant des liaisons avec les atomes d'oxygène et les atomes d'aluminium et une augmentation de la contribution en silicium. Ceci permet de déduire l'épaisseur du dépôt effectif d'alumine. Pour un même nombre de cycles ALD (350 dans chacun des cas présentés), nous pouvons voir que l'épaisseur du film mince est d'environ 25 nm pour une activation thermique et de 27 nm dans le cas du procédé assisté par plasma. Cette analyse ToF-SIMS permet de déterminer que la composition du film est uniforme sur une large surface (plusieurs cm^2) et relativement homogène sur toute son épaisseur. L'étude en profil a également permis de déterminer la vitesse de croissance de la couche d'alumine qui est de l'ordre de 0,9 Å par cycle ALD pour le mode thermique d'activation. Cette analyse chimique est appuyée par une étude menée par XPS. Les résultats d'un dépôt de film mince d'alumine réalisé par activation thermique à 250°C est présenté en figure 3.15. Les pics de déconvolution apparaissent pour les niveaux d'énergie Al 2s et Al 2p et montrent la contribution de l'alumine pour des énergies de 77,06 eV et 122,3 eV. La contribution d'Al_2O_3 se retrouve également pour le niveau d'énergie correspondant à l'oxygène (O 1s) apparaissant autour de 535,5 eV. Par ailleurs, il est à noter que pour chacun de ces niveaux d'énergie, des contributions attribuées à d'autres types de liaisons Al–Ox sont également présentes.

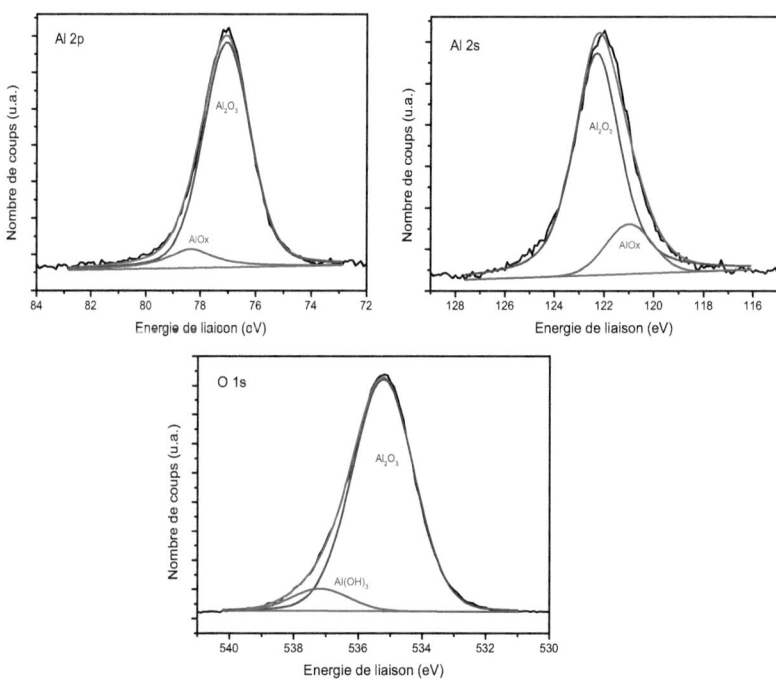

FIGURE 3.15: Caractérisation par XPS de la chimie de surface d'un dépôt de Al_2O_3 réalisé à 250°C.

Enfin, le niveau de carbone révélé est particulièrement faible, avec un niveau de bruit de fond assez important ce qui permet de conclure sur la bonne qualité chimique du dépôt obtenu avec un faible taux de pollutions. Les énergies et caractéristiques de la méthode (notamment les largeurs à mi-hauteur) de déconvolution sont résumées dans le tableau 3.6.

Espèce	Déconvolution	EL (eV)	FWHM (eV)	Assignation	at. %
Al	Al 2p	77,06	2,0	Al_2O_3	42,9
	Al 2p	78,36	2,0	AlOx	4,2
	Al 2s	121	2,2	Al_2O_3	7
	Al 2s	122,3	4,3	AlOx	45,9

TABLE 3.6: Déconvolution d'un dépôt d'Al_2O_3 réalisé par activation plasma à 150°C.

3.3.5 Analyse de l'épaisseur et de la rugosité

La mesure de l'épaisseur des films été réalisée par ellipsométrie et nous avons fait appel à la microscopie à force atomique (AFM) pour mesurer la rugosité des dépôts. Pour un même nombre de cycles ALD donné et en faisant varier la température de dépôt entre 100 et 250°C (pulse de TMA fixé à 60 ms) et le temps du pulse d'injection de TMA entre 15 et 90 ms (température fixée à 250°C), nous avons utilisé le modèle de Cauchy proposé par le logiciel de l'ellipsomètre afin de déterminer l'épaisseur du film et de calculer la vitesse de croissance.

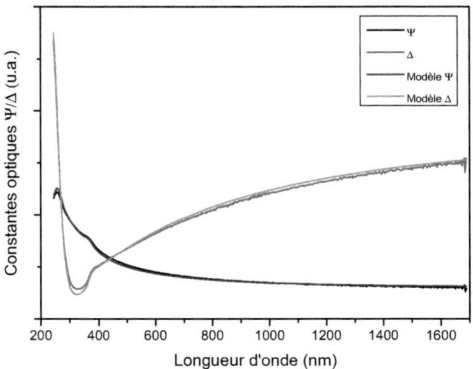

FIGURE 3.16: Caractérisation par éllipsométrie d'un dépôt Al_2O_3 réalisé à une température de 250°C.

Un exemple de comparaison entre les mesures expérimentales et le modèle ellipsométrique pour une température donnée de 250°C et un temps de pulse du précurseur de TMA de 60 ms est présenté à la figure 3.16. Comme nous pouvons le voir sur cette figure, le modèle est proche et cohérent avec les données expérimentales. Un ajustement des paramètres de rugosité et des constantes mathématiques entrant en jeu dans le modèle, permettent de se rapprocher au plus près de la valeur réelle de l'épaisseur du film. La même expérience est reproduite pour plusieurs échantillons et les résultats sont résumés à la figure 3.17. Comme nous pouvons le constater sur cette figure, il apparaît que la vitesse de croissance augmente avec la température de façon notable. En effet, pour une température de dépôt plus importante, en restant dans la limite de la fenêtre ALD du matériau, une vitesse de dépôt plus grande est généralement observée.

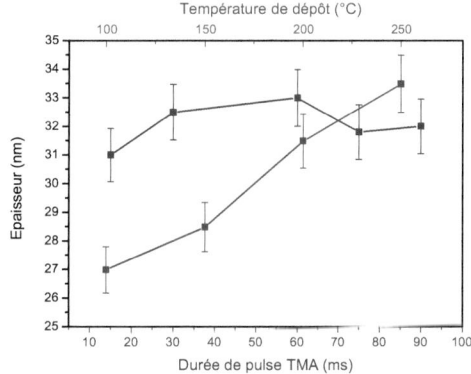

FIGURE 3.17: Caractérisation par éllipsométrie d'un dépôt Al_2O_3 montrant la variation d'épaisseur du film en fonction de la durée du pulse de TMA et en fonction de la température pour un pulse de 60 ms.

La microscopie à force atomique a été utilisée pour compléter l'étude du dépôt d'alumine par ALD et notamment pour rendre compte de la rugosité de la surface du film. La microscopie en champ proche de type AFM est une méthode permettant de caractériser la topographie d'un échantillon. Son principe consiste à balayer la surface à l'aide d'une pointe très fine maintenue sur un levier oscillant. Les forces s'exerçant entre la surface de l'échantillon et l'extrémité de la pointe induisent ainsi des variations dans le régime d'oscillation de la pointe qui permet à l'aide d'un dispositif de régulation analogique d'établir une topographie de la surface observée. La rugosité de la surface peut ainsi être analysée. L'AFM qui a été utilisé dans le cadre de nos observations est disposé dans une enceinte maintenue sous ultra-vide afin d'éviter toute contamination extérieure. La chambre d'observation est également pourvue d'un sas permettant le chauffage et le recuit des échantillons sous atmosphère de gaz contrôlée. Dans un premier temps, un dépôt ALD d'alumine de 10 nm d'épaisseur sur une surface de Si(100) préalablement dégraissée et nettoyée dans un bain d'acide fluorhydrique à 5% afin de retirer la couche de SiO_2 natif de sa surface, a été observé. L'image obtenue est présentée en figure 3.18. La rugosité moyenne sur des zones relativement grandes (1 μm^2) est inférieure à 1 nm. Ceci montre que le dépôt, amorphe pour cette température de dépôt (250°C) et sans recuit postérieur, semble être relativement plat, homogène et uniforme à grande échelle. Il est, en effet, important d'obtenir un dépôt peu rugueux pour l'application visée, car l'interface entre les différentes couches successives de matériaux isolants et conducteurs sera ainsi de meilleure qualité.

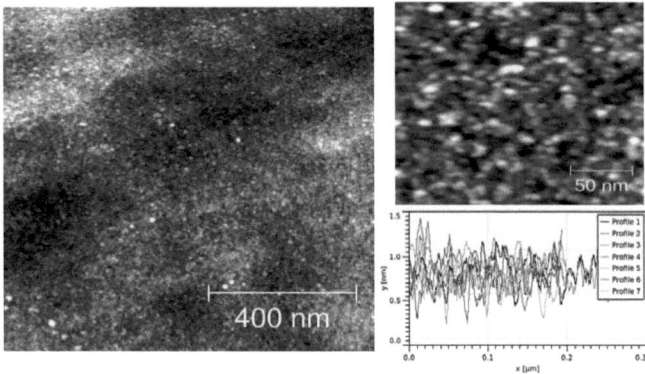

FIGURE 3.18: Images AFM montrant la rugosité de la surface d'Al_2O_3 sur Si.

Afin de procéder à une comparaison de la morphologie du dépôt après traitement thermique postérieur, l'échantillon précédent de 10 nm d'épaisseur a été recuit dans l'enceinte ultra vide à 530°C pendant 4 heures. L'observation de la surface de l'échantillon (cf. figure 3.19) montre que la rugosité diminue après le recuit ($<$ 1 nm). Ceci pourrait donc améliorer la surface de l'échantillon. Cependant, il serait également requis de procéder à des mesures électriques, et notamment de résistivité afin de vérifier les propriétés de conductivité du film mince et d'obtenir une corrélation entre les paramètres de recuit et les performances électriques du film. Comme nous l'avons préciser précédemment, l'alumine est un matériau relativement bien connu pour être déposé par ALD, et nous allons donc nous focaliser de façon plus approfondie sur un autre matériau dans la partie suivante : le dioxyde d'hafnium.

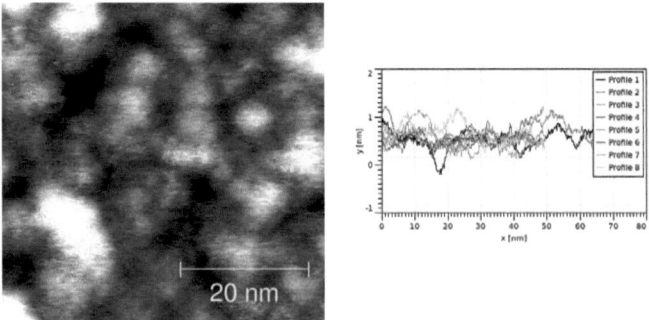

FIGURE 3.19: Image AFM montrant la rugosité de la surface d'Al_2O_3 sur Si après recuit.

3.3.6 Conclusion

L'Al_2O_3 a été un bon matériau de test afin de prendre en main le dispositif expérimental mis en place au laboratoire durant ce travail de thèse. Nous nous sommes ainsi servi de ce type de dépôt pour comparer l'activation par voie thermique et par procédé assisté par plasma. La caractérisation morphologique et chimique des films obtenus a été effectuée par plusieurs méthodes d'analyses. Nous avons pu mettre en évidence l'évolution de la vitesse du dépôt d'alumine en fonction des paramètres expérimentaux et notamment de la température. La perspective de ce travail sera de réaliser les mesures électriques nécessaires et notamment la mesure de capacité pour des systèmes multicouches TiN/Al_2O_3/TiN.

3.4 Etude du dépôt de HfO_2 comme couche isolante

3.4.1 Introduction

L'étude des matériaux diélectriques à grande permittivité diélectrique a suscité un engouement tout particulier ces dernières années dans l'industrie de la microélectronique. L'un des matériaux prometteur est de dioxyde d'hafnium qui possède une constante diélectrique de l'ordre de 22 (pour comparaison, celle de l'alumine est de 11). Ce matériau peut être utilisé dans plusieurs applications en électronique, que ce soit pour des mémoires de type DRAM ou encore pour des composants passifs de type condensateur. Dans le cas présent, l'ALD a été encore une fois utilisée comme technique de dépôt de couche mince afin de fonctionnaliser des structures 3D et de former des empilements métal/isolant/métal.

3.4.2 Paramètres expérimentaux

Il existe sur le marché actuel plusieurs types de précurseurs chimiques, de différentes classes, permettant de dépôt de HfO_2. Parmi eux, nous retrouvons les précurseurs halogénés comme le $HfCl_4$, des précurseurs de types alkoxydes ou encore des amidinates. C'est sur ce dernier type de précurseurs que notre choix s'est porté car les produits de réaction sont beaucoup moins corrosifs que dans le cas de précurseurs halogénés et leur pression de vapeur saturante est relativement élevée. Les dépôts de films de HfO_2 ont ainsi été obtenus à partir du tetrakis(ethylmethylamino)hafnium (TEMAHf) et de l'eau comme source d'oxygène. Afin d'augmenter la pression de vapeur saturante du TEMAHf, le canister a été porté à une température de 113°C en accord avec certaines données issues de la littérature [167]. Cette étude a consisté en la comparaison des propriétés physico-chimiques de films de HfO$_2$ crus à deux températures de dépôts différentes : 150°C et 250°C. Dans chacun des cas, les pulses de TEMAHf et d'eau sont respectivement de 2 s et 25 ms, espacés d'un temps de diffusion du précurseur de 30 s et d'un temps de purge de la chambre de réaction d'une durée de 30 s. L'objectif étant de réaliser des dépôts sur des substrats tridimensionnels, les temps de diffusion et de purge des précurseurs sont particulièrement élevés.

3.4.3 Mécanisme de croissance par ALD

La formation de films minces de dioxyde d'hafnium a fait l'objet d'étude par différentes techniques expérimentales de dépôts telles que des méthodes de dépôt physique en phase vapeur, comme des techniques d'ablation laser, ou encore de pulvérisation cathodique [168]. Bien que les procédés PVD permettent un bon contrôle de la composition des films, elles ne permettent pas le dépôt de films conformes sur des structures à fort rapport d'aspect et n'offrent pas la possibilité d'obtenir un contrôle précis de l'épaisseur. Des techniques de dépôt chimique en phase vapeur ont également été étudiées mais les températures requises restent assez élecvées, supérieures à 300°C [169]. Dans le cas de l'utilisation de précurseurs halogénés, la température de dépôt peut être abaissée jusqu'à 180°C mais il en résulte une incorporation non négligeable d'impuretés (chlore ou iode) dans les films [170]. Le dépôt à plus haute température permet ainsi de réduire la contamination des films mais il en résulte, la plupart du temps, une crystallinité importante et de ce fait une forte rugosité de la surface des films. Un phénomène d'auto-endommagement de la surface d'oxyde en train de croître peut également être provoquée par les précurseurs eux-mêmes et peut induire une difficulté supplémentaire pour la croissance de films peu rugueux et conformes sur des structures à fort rapport d'aspect. Afin d'obtenir une bonne conformité des dépôts à basse température de croissance, des précurseurs à forte réactivité avec des propriétés d'auto-limitation lors de la réaction avec la surface à fonctionaliser sont requis. Dans la présente étude, des précurseurs de type alkylamines, plus particulièrement le TEMAHf, ont été considérés . Une représentation schématique des étapes du mécanisme de réaction du dépôt de HfO$_2$ est résumé à la figure 3.20. Ce mécanisme réactionnel s'appuie sur des travaux précédents utilisant des précurseurs chimiques de la même famille [167]. La première étape de ce processus réactionnel consiste en l'adsorption chimique de la molécule de métal amide [M(NR$_2$)$_4$] au niveau des terminaisons hydroxyles (–OH) de la surface.

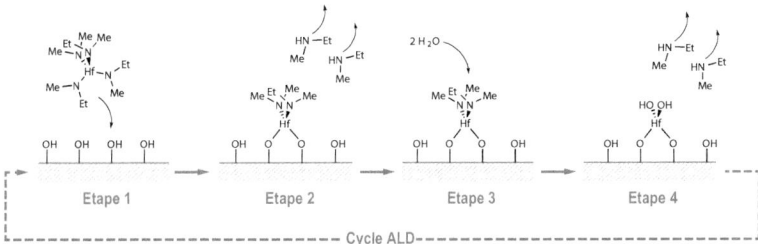

FIGURE 3.20: Représentation schématique des étapes du mécanisme du dépôt d'HfO$_2$.

A cette étape, se produit la rupture de la liaison métal–azote et la formation d'une liaison métal–oxygène simultanément avec la déprotonation de la surface hydroxylée par le ligand amine formant ainsi un dialkylamine volatile comme produit de réaction. La seconde étape du mécanisme réactionnel proposé consiste en la réaction de l'eau comme second précurseur oxydant avec les terminaisons métal amines ce qui induit la refonctionnalisation de la surface active par des terminaisons –OH et la libération de nouvelles molécules de dialkylamines. Lors de certaines études, l'utilisation d'une micro-balance à quartz ou de façon plus précise d'une spectromètre de masse, peut être le moyen de confirmer ce type de mécanismes réactionnels.

3.4.4 Analyse de la structure cristalline et de la morphologie des films

Une analyse de la structure cristalline des dépôts de HfO$_2$ a été effectuée par DRX afin de comparer la structure des films d'oxyde crus à 150°C et à 250°C. Les diffractogrammes sont présentés sur la figure 3.21. Les dépôts ont été réalisés sur des membranes d'alumine dont le diamètre des pores est de 40 nm et leur longueur de l'ordre de 5 μm. Un diffractogramme servant de référence a été effectué sur une membrane sans dépôt d'HfO$_2$ (figure 3.21a). Le diffractogramme fait apparaître un large pic centré autour de 25° qui semble être caractéristique de la structure amorphe de l'alumine. Un pic de forte intensité est également à noter, centré à 45°, correspondant au substrat d'aluminium. Le dépôt de HfO$_2$ réalisé sur ce type de substrat a également été analysé par DRX (figure 3.21b). Un pic large centré à 32°, caractéristique du HfO$_2$ amorphe, apparaît avec une forte intensité. L'analyse du dépôt effectué à 250°C (figure 3.21c) laisse apparaître la présence de la phase cristalline monoclinique du HfO$_2$. Les angles de réflexion caractéristiques de cette phase cristalline sont indiqués par des traits rouges sur la figure.

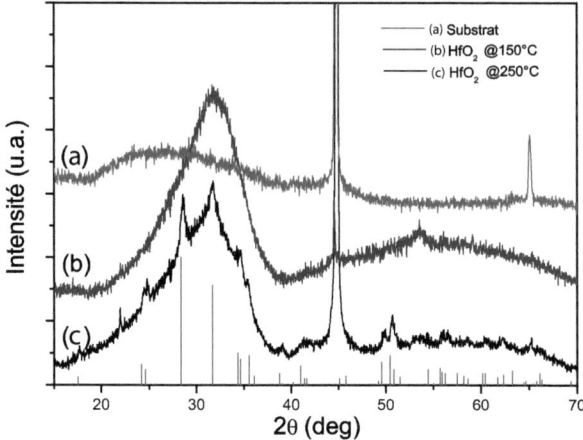

FIGURE 3.21: Diffractogrammes de rayons X montrant la crystallinité d'un dépôt de HfO_2 sur une membrane d'alumine à différentes températures.

Cependant, il est à noter qu'à cette température, bien que la phase cristalline monoclinique du HfO_2 apparaisse clairement, il est assez probable que le film n'est pas totalement cristallisé. En effet, pour les dépôts réalisés à haute température, le diffractogramme laisse apparaître des pics indexables sur la phase cristalline monoclinique du dioxyde d'hafnium mais le pic large reste bien identifiable et témoigne probablement du fait que le film ne soit pas parfaitement polycrystallin. Un recuit postérieur au dépôt à plus haute température semble ainsi être tout indiqué afin de crystalliser complètement le film d'oxyde obtenu.

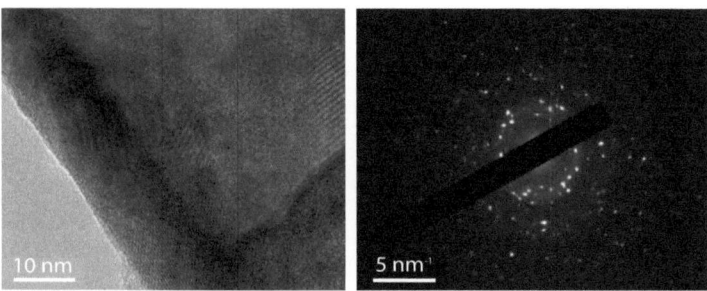

FIGURE 3.22: Image MET et cliché de diffraction montrant la morphologie d'un nano-tube de HfO_2 et sa structure polycrystalline. Le nombre de cycles ALD est 150.

L'observation directe en microscopie électronique à transmission du film tridimensionnel de HfO_2, corrélée avec le cliché de diffraction associé (cf. figure 3.22), permet de confirmer le caractère polycristallin du dépôt de HfO_2. L'image MET présentée ici a été obtenue après dissolution chimique du support d'alumine. Le film de HfO_2 se présente alors sous la forme de nano-tubes laissant apparaître leur structure cristalline. L'objectif est de déposer dans des structures à fort rapport d'aspect, comme des membranes d'alumine, de manière conforme le matériau actif considéré. En observant le dépôt par microscopie électronique à balayage, nous constatons que le film est déposé sur une profondeur d'environ 5 µm, pour des pores de 40 nm de diamètre, soit un rapport d'aspect supérieur à 1 : 125 (figure 3.23). Le film de HfO_2 est déposé de façon très homogène dans la membrane d'alumine.

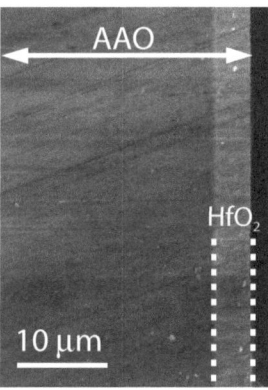

FIGURE 3.23: Image MEB d'un dépôt de HfO_2 dans une membrane d'alumine. Le dépôt recouvre de façon conforme la membrane jusqu'à une profondeur d'environ 5 µm. Le nombre de cycles ALD est 150.

La morphologie des nano-tubes de HfO_2 déposés respectivement à 150°C et à 250°C a été observée et comparée à l'aide de la microscopie électronique. La figure 3.24a montre un nano-tube de dioxyde d'hafnium totalement amorphe (cliché de diffraction en figures 3.24b), cru à basse température de dépôt (150°C), tandis que les figures 3.24c et 3.24d montre des nano-tubes de HfO_2 ayant cru à 250°C. Comme nous pouvons le constater sur ces deux figures, les nano-tubes obtenus n'ont pas la même morphologie. Cependant, le dépôt est assez conforme et permet d'obtenir des nano-tubes de plusieurs micromètres de longueur dans les deux cas. Les nano-tubes observés sur la figures 3.24 ont été obtenus après dissolution chimique du substrat constitué par les membranes d'alumine poreuse dans l'acide chromique. Le matériel à observer, constituer par les nano-tubes, est ensuite centrifugé afin de le condenser et de le séparer de la solution d'acide chromique. Les nano-tubes sont alors étalés sur des grilles de cuivre recouvertes d'un film de carbone, adaptées à l'observation en microscopie électronique en transmission.

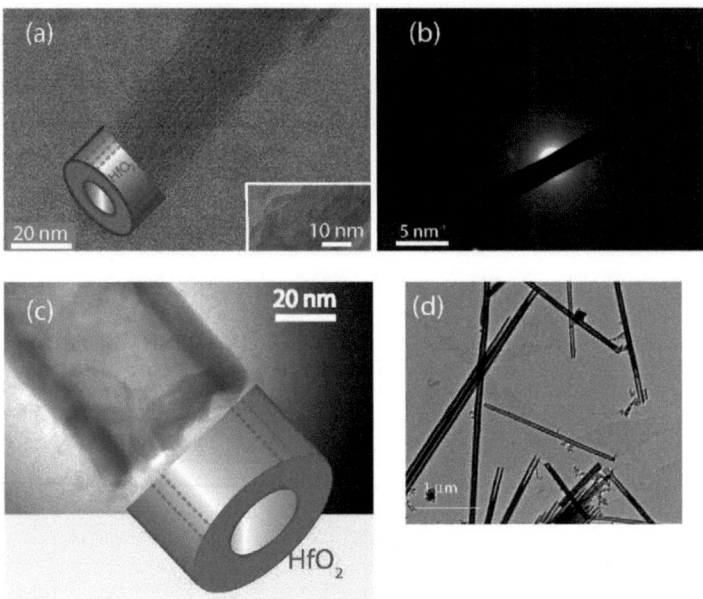

FIGURE 3.24: Image MET (a) et cliché de diffraction (b) montrant la morphologie d'un nano-tube de HfO_2 et sa structure amorphe. Images MET (c) et MEB (d) montrant un nano-tube de HfO_2 polycrystallin. Le nombre de cycle ALD est 150 dans les deux cas.

3.4.5 Rugosité de la surface des films

L'analyse de la rugosité des films de HfO_2 crus à 250°C, c'est-à-dire polycrystallins, comme vu précédemment, déposés sur un substrat de Si(100) plan recouvert d'une couche d'oxyde natif, ont été observés par AFM. La figure 3.25 montre la topographie de la surface observée. Il est à noter que la rugosité du film semble particulièrement élevée, supérieure à 5 nm, sur des surfaces choisies relativement petites (250 nm^2). Si l'on compare les résultats observés dans le cas du HfO_2 avec ceux observés précédemment dans le cas de l'alumine, il apparaît que le dioxyde d'hafnium présente une rugosité de surface bien plus importante.

Chapitre 3 - Systèmes métal/isolant/métal pour le stockage de l'énergie. 91

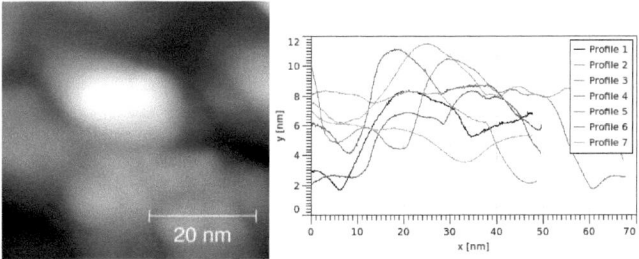

FIGURE 3.25: Image AFM montrant la rugosité de la surface d'HfO$_2$ sur Si.

Cette rugosité importante semble venir de la crystallinité importante du film observé. Certaines études montrent que d'avoir recours à un traitement thermique postérieur du film déposé à relativement haute température (de l'ordre de 400°C) peut être intéressant afin de rendre les films plus lisses en diminuant leur rugosité de surface [171]. C'est une voie intéressante qui pourrait être envisagée afin d'optimiser les interfaces conducteur/diélectrique pour les empilements MIM des applications finales visées. Une fine couche de SiO$_2$ en tant qu'interface de protection, s'intercalant entre la couche de HfO$_2$ et la couche de TiN peut également être envisagée afin de limiter les défauts et les dislocations qui peuvent être induites au niveau des interfaces entre les couches succéssivement déposées.

3.4.6 Caractérisations électriques

Dans cette partie, les résultats préliminaires concernant les performances diélectriques des films d'oxydes ainsi formés sont présentés. Nous avons choisi de comparer, pour deux films d'égales épaisseurs (40 nm), leurs propriétés électriques pour un film polycrystallin cru à 250°C et un film amorphe cru à 150°C. Les mesures ont été réalisées pour des films déposés sur un substrat plan de Si(100) comportant une couche interfaciale d'or de 100 nm que nous avons déposée préalablement au dépôt de HfO$_2$. Le film d'oxyde a été fonctionnalisé à sa surface à l'aide de plots d'or de forme carrée, d'une aire de 4 mm^2, afin de permettre la prise de contact électrique en évitant d'endommager la couche active de HfO$_2$ qui nous intéresse. Le contact est pris d'une part sur la couche intrerfaciale d'or, à l'aide d'une pointe de tungstène dure et d'autre part au dessus du film, au niveau des plots d'or à l'aide d'une pointe souple. Les résultats des mesures de densités de courant en fonction de la tension appliquée sont présentés en figure 3.26.

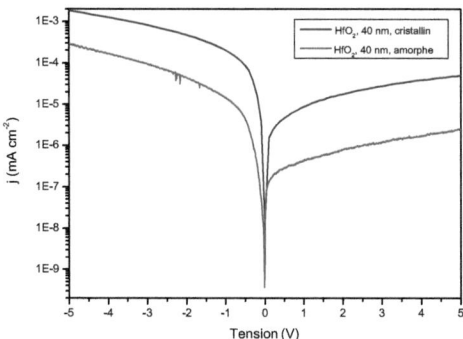

FIGURE 3.26: Mesures électriques j vs. u pour un dépôt de HfO_2.

Pour chacun des films de HfO_2, nous abservons que la tension de claquage apparaît au-delà de 5 V. En ce qui concerne la valeur du courant de fuite, nous constatons que le comportement de la réponse en densité de courant n'est pas symétrique dans les cas des tensions négatives et positives. La différence de courant de fuite entre le film déposé par activation thermique et celui déposé par activation plasma est de l'ordre d'une décade dans le cas des tensions négatives et supérieur à une décade dans le cas des tensions positives. Pour une tension appliquée égale à -5 V, le courant de fuite est de l'ordre de 3×10^{-4} mA·cm^{-2} dans le cas du film amorphe et de 2×10^{-3} mA·cm^{-2} pour le film polycristallin. Ceci témoigne de la bonne qualité des dépôts réalisés. Cependant, l'épaisseur du film d'oxyde déposé de 40 nm n'est pas compatible avec l'application visée, à savoir la fabrication de systèmes MIM sur supports 3D car une épaisseur plus petite est requise. Ces mesures sont cependant encourageantes mais doivent être poursuivies, notamment sur des films moins épais. Dans ce cas là, les prises de contact s'avèrent plus délicates dans la mesure où il est assez facile de traverser la couche d'oxyde à cause de la pression de la pointe sur celui-ci. Enfin, il est à noter que le courant de fuite est plus grand dans le cas d'un dépôt cristallin. Ceci pourrait être expliqué par la rugosité importante du film dans le cas de dépôts cristallins et le nombre important de joints de grains qui peuvent favoriser le passage des courants de fuite à ce niveau.

3.4.7 Elaboration de systèmes MIM

– Systèmes MIM plans

L'observation en MET a été effectuée pour des empilements TiN/HfO$_2$/TiN sur support plan de Si dans un premier temps. La figure 3.27 est un exemple du système MIM obtenu. Ce type d'empilement sur substrat plan trouve des applications notamment en tant que composant passif pour les mémoires de type DRAM par exemple.

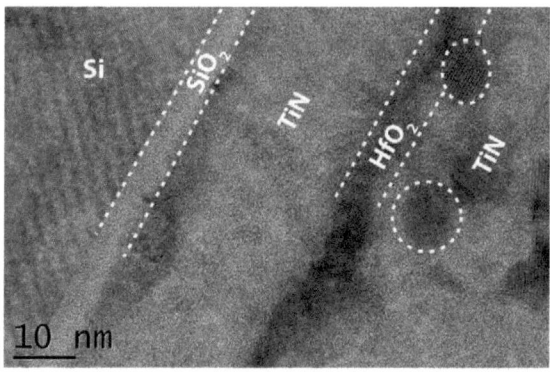

FIGURE 3.27: Image MET d'un dépoôt MIM TiN/HfO$_2$/TiN sur substrat de Si.

Comme nous pouvons le voir sur ce micrographe MET, une couche d'oxyde natif de SiO$_2$ est clairement visible entre le substrat de Si et la première couche de TiN. L'interface au niveau de la couche de TiN est particulièrement lisse et peu rugueuse. Au niveau de la second interface HfO$_2$/TiN, une diffusion du dioxyde d'hafnium dans la couche supérieure de TiN est à noter. Les crystallites d'inclusion de HfO$_2$ dans la couche de TiN sont matérialisées par des cercles en pointillés sur la figure figure 3.27. Il a été démontré lors d'études précédentes, que le HfO$_2$ pouvait avoir tendance à diffuser de cette manière, particulièrement lorsque la température de dépôt est élevée [172]. Dans le cas présent, la température de dépôt à la fois du film de HfO$_2$ et de TiN est de 250°C. Une possibilité afin d'éviter ce cas de diffusion pourrait être d'envisager le dépôt d'une couche barrière interfaciale de SiO$_2$, de faible épaisseur, entre les couches successives du dispositif MIM. Ce type de multicouche diélectrique présente l'avantage de coupler une constante diélectrique élevée et une haute tension de claquage [173]. Ceci pourra faire l'objet des perpectives du travail initié dans notre étude.

– *Systèmes MIM sur nano-structures 3D*

La dernière étape de ce travail a consisté à déposer une multicouche conducteur/isolant/conducteur sur une structure 3D constituée d'une membrane d'alumine avec des pores de 40 nm de diamètre. L'empilement consiste en un système $TiN/HfO_2/TiN$. Comme illustré sur la figure 3.28, le dépôt des trois couches successives est continu le long des parois de la membrane d'alumine. Les couches successives ont chacune une épaisseur de l'orde de 5 nm.

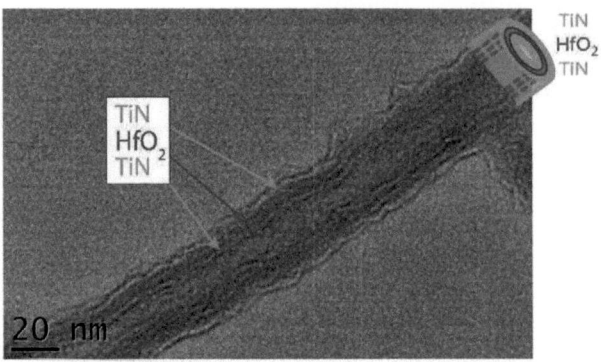

FIGURE 3.28: Image MET d'un dépoôt 3D MIM $HfO_2/TiN/HfO_2$ dans une membrane d'alumine.

Cette structure a été observée après dissolution chimique du gabarit d'alumine. Le système MIM présenté ici constitue la finalité de notre travail et montre la faisabilité par ALD de fabriquer des multicouches de bonne conformité, sur des structures à fort rapport d'aspect.

3.4.8 Conclusion

Dans cette partie, les principaux paramètres agissant sur le dépôt de HfO_2 par ALD ont été abordés. L'effet de la température sur la morphologie, la cristallinité et les propriétés électriques a été étudié plus en profondeur. Des mesures électriques préliminaires ont été effectuées et nécessitent d'être poursuivies en particulier afin de mesurer la capacité des dispositifs MIM finaux élaborés. Il semble que les films amorphes obtenus à basse température (150°C) soient les plus intéressants pour l'application visée. Enfin, les paramètres utilisés nous ont permis de réaliser des multicouches MIM sur substrats 2D ou 3D.

3.5 Conclusion du chapitre

Dans cette étude, nous nous sommes servi de l'alumine comme matériau modèle afin de comprendre le mode de croissance ALD. Ce matériau est largement décrit dans la littérature et a permis dans notre cas de prendre en main le dispositif expérimental ALD que nous avons installé durant la première année de cette étude. L'objectif annoncé initialement était la réalisation de systèmes MIM pour le stockage d'énergie. Nous nous sommes alors focalisés sur l'utilisation de TiN en tant que matériau constitutif des électrodes conductrices du condensateur ainsi élaborés et sur le HfO_2 en tant qu'oxyde isolant à forte permittivité diélectrique comme couche séparatrice isolante. Les paramètres de dépôt tels que la température, l'utilisation d'un plasma pour l'activation des précurseurs ou encore la variation de la séquence du cycle ALD en termes de temps de pulses et de purges ont été ajustés. Les propriétés physico-chimiques des films obtenus ont été étudiées à l'aide de différentes méthodes de caractérisation. La finalité du projet a été atteinte dans la mesure où des systèmes MIM, à la fois sur support plan et sur structures tridimensionnelles ont été réalisés avec succès. L'étape nécessaire à venir réside dans la caractérisation électrique (résistivité et capacité) des dispositifs finaux ainsi fabriqués.

Chapitre 4

Elaboration de systèmes catalytiques pour l'électro-oxydation de l'acide formique et de l'éthanol.

4.1 Introduction

Depuis ces dernières années, l'utilisation de la technologie pile à combustible pour des micro-dispositifs mobiles est devenue un véritable défi. Dans ce contexte, l'utilisation de piles à combustion directe de liquide, comme le méthanol, l'acide formique ou l'éthanol, présente un certain nombre d'avantages par rapport à la pile à combustible à hydrogène « classique ». En effet, avec ce type de technologie, nous pouvons nous affranchir du stockage des molécules de H_2 qui reste particulièrement délicat dû à la petite taille de cette molécule qui impose des conditions de pression importante, des matériaux adaptés et pose certains problème de sécurité. De plus, le stockage de l'hydrogène consomme en soi de l'énergie. Dans le type de systèmes de conversion d'énergie que nous souhaitons étudier, le combustible est consumé au fur et à mesure qu'il est produit. Ainsi, le principe de fonctionnement repose sur la rupture catalytique des liaisons C–C de petites molécules organiques, l'acide formique et l'éthanol dans notre étude, afin de produire des protons et des électrons qui sont injectés dans le circuit extérieur. Ce combustible a pour avantage de pouvoir être produit à grande échelle et à partir de matière renouvelable, comme la biomasse. Dans ce chapitre, nous allons présenter dans un premier temps des systèmes catalytiques constitués de particules Pd/Ni déposées sur des membranes d'alumine poreuse qui constituent le support. Ce type de système a été mis en œuvre pour l'électro-oxydation de l'acide formique en milieu acide. Dans un second temps, des sytèmes Pd/TiO_2 ont été synthétisés afin d'étudier leurs propriétés électro-catalytiques sur l'oxydation de l'éthanol en milieu alcalin. Les méthodes de synthèse de ces systèmes catalytiques, leurs propriétés physico-chimiques et leur activité électrochimique sur l'électro-oxydation de l'acide formique et de l'éthanol seront présentées.

4.2 Systèmes catalytiques Pd/Ni-NiO pour l'électro-oxydation de l'acide formique

4.2.1 Introduction

Les DFAFCs comme moyen de conversion d'énergie présentent bien des avantages comparées à l'utilisation d'autres solvants et molécules déjà existant sur le marché comme le méthanol. En effet, l'acide formique est peu onéreux, peu toxique, et présente une forte densité d'énergie dans la gamme adéquate pour les dispositifs mobiles, de l'ordre de 1630 Wh/kg à température ambiante [39, 70, 71]. Par ailleurs, le palladium semble être un bon candidat pour l'électrocatalyse de l'oxydation de l'acide formique en tant que catalyseur grâce à sa bonne stabilité et sa forte activité à faible pH [46, 68, 72, 174, 175]. L'oxydation de HCOOH sur le palladium induit la formation de CO_2 mais ne produit pas de CO. L'équation régissant l'oxydation [68] de HCOOH sur le catalyseur de Pd est la suivante :

$$\text{HCOOH} \xrightarrow{\text{Pd}} CO_2 + 2H^+ + 2e^- \tag{4.1}$$

Certaines études récentes ont montré que le fait d'allier le Pd à second métal de transition permettait d'augmenter son activité électro-catalytique en diminuant notamment son empoisonnement [43]. Ainsi, différents métaux de transition comme le Cu, le Ni ou encore le Pt ont été alliés avec le Pd et ont montré une augmentation significative de l'activité électrochimique sur l'oxydation de l'acide formique [51, 58, 176]. Dans notre étude, Ni a été choisi afin d'être allié avec le Pd parce qu'il lui confère un état électronique de surface et une géométrie favorables quand ils sont combinés, ce qui modifie et augmente son activité catalytique. Il est, de plus, peu onéreux et abondant. Par ailleurs, il est connu que la réduction de taille des particules actives (le ratio atomes de surface sur atomes de volume augmente) et l'accroissement de l'aire active du substrat supportant le catalyseur sont également intéressants pour améliorer l'électro-oxydation de HCOOH. Ainsi, des nano-structures comme par exemple des nano-fils, des nano-pores ou encore des nano-tubes ont été étudiées dans le but d'améliorer l'efficacité catalytique et de réduire leur coût. En effet, ces catalyseurs ont démontré des effets bénéfiques sur leur activité électrocatalytique [177]. Un certains nombre de méthodes de synthèse de particules catalytiques ont été explorées jusqu'à aujourd'hui, et l'utilisation de l'ALD semble être une technique très prometteuse et montre que souvent les catalyseurs ont une activité accrue par rapport à ceux synthétisés par des méthodes plus conventionnelles comme l'imprégnation, la synthèse par échange d'ions, ou encore le dépôt-précipitation [50, 141]. Comme nous l'avons vu précédemment, l'ALD est initialement utilisée pour faire croître des oxydes servant eux mêmes comme support aux catalyseurs [178]. Mais récemment, il a été démontré que l'ALD pouvait être également utilisée pour faire croître des nano-particules métalliques ou bien pour protéger des catalyseurs, fabriqués par une autre méthode, en déposant à leur surface une fine couche d'alumine par exemple [121, 137, 179]. De plus, l'ALD est une méthode particulièrement intéressante pour synthétiser des particules catalytiques car elle permet un contrôle précis de la vitesse de croissance et de la composition des dépôts réalisés. Enfin, elle permet la fonctionnalisation de structures à fort rapport d'aspect dont l'utilisation peut s'avérer être un avantage précieux pour l'application visée : les piles à combustible [42, 180–183].

4.2.2 Paramètres expérimentaux

L'objectif de notre travail est de fonctionnaliser des membranes d'alumine poreuse, dont le procédé de fabrication a été décrit au chapitre 2, à l'aide de systèmes Pd/Ni-NiO réalisés par ALD.

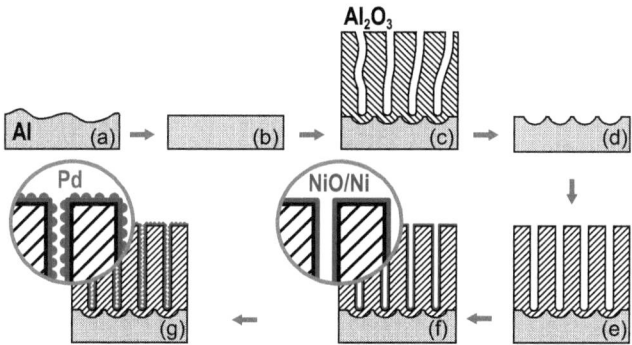

FIGURE 4.1: Représentation schématique du principe de fabrication des nano-catalyseurs Pd/Ni. (a-e) Croissance d'une membrane d'alumine poreuse. (f) Dépôt de NiO par ALD et étape de recuit. (g) Dépôt par ALD de particules de Pd.

La fonctionnalisation de membranes d'alumine nano-poreuse par des nano-particules de Pd pour fabriquer des catalyseurs a été proposée dans un travail précédent [184]. Nous sommes ainsi partis de ce travail pour tenter d'améliorer ce type de systèmes et d'accroître leur efficacité. Les étapes de fabrication consistent tout d'abord en la réalisation d'une membrane d'alumine dont le procédé est rappelé figures 4.1a à 4.1e, puis au dépôt par ALD d'un film continu de NiO qui est recuit et réduit afin de le transformer en Ni (figure 4.1f) [185, 186]. La dernière étape de ce processus consiste au dépôt de particules de Pd par ALD à la surface du film de Ni-NiO précédemment formé (figure 4.1g).

– *Dépôt de NiO par ALD :*

Le dépôt du film de NiO a été réalisé à partir du bis(cyclopentadienyl)nickel ($NiCp_2$) comme précurseur, associé à l'ozone comme second précurseur ALD en tant que source oxydante. La température de dépôt de la chambre ALD a été fixée à 250°C pour ce matériau. Le $NiCp_2$ se présente sous la forme d'une poudre verte, qui a une pression de vapeur saturante relativement basse (0,4 Torr à 70°C). Un chauffage du canister contenant le précurseur à 80°C s'avère donc nécessaire afin de permettre un meilleur transport des molécules jusqu'au réacteur ALD et une meilleure réactivité. Les durées d'impulsion et de diffusion des précurseurs sont respectivement 1 et 30 s pour $NiCp_2$ et 20 ms et 20 s pour O_3. Les temps de purge de la chambre de réaction pour chacun des deux précurseurs sont de 30 s. Afin de réduire le film de NiO et de former du Ni métallique, il est procédé à un recuit sous atmosphère contrôlée d'hydrogène, à 300°C pendant 3 h.

–*Dépôt de Pd par ALD :*

Le Pd est également déposé par ALD en utilisant le palladium II hexafluoroacetylacetonate ($Pd(hfac)_2$) et le formalin (formaldéhyde 37% dans H_2O) comme précurseurs chimiques. La température de dépôt est de 200°C. Les durées d'impulsions de $Pd(hfac)_2$ et de formalin sont respectivement de 1 et 3 s tandis que les temps de diffusion des espèces et de purge de la chambre de réaction sont de 30 s. Afin d'accroître la pression de vapeur saturante du $Pd(hfac)_2$, le canister est maintenu à 90°C et un flux d'argon est également introduit dans le canister par un système de vanne d'injection avant que le précurseur ne soit envoyé vers la chambre de réaction.

4.2.3 Elaboration de films de Ni/NiO par ALD

4.2.3.1 Mécanisme de croissance de NiO

Les procédés ALD ayant surtout été développés pour les oxydes et nitrures, le dépôt de métaux purs est plus difficile dans la mesure où peu de précurseurs existent même si certains sont en cours de développement [187]. Ainsi, dans la plupart des cas, lorsque l'on veut obtenir un métal à partir d'un procédé ALD, le processus s'effectue en deux étapes [188] : (i) dépôt de l'oxyde métallique et (ii) réduction sous atmosphère de gaz contrôlée. Ainsi, le film de Ni est formé par ALD selon cette approche en deux temps, en procédant à un recuit sous atmosphère réductrice de H_2 du film de NiO obtenu par ALD [189, 190]. Le gain de masse (m) relatif durant le dépôt est contrôlé à l'aide d'une micro-balance à quartz[1]. Le résultat de la mesure est présenté sur la figure 4.2.

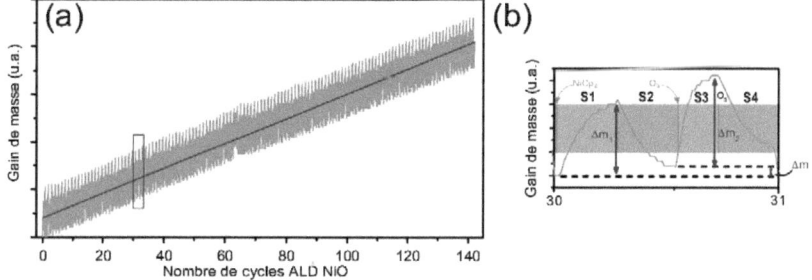

FIGURE 4.2: Suivi du gain de masse par QCM durant le dépôt de NiO par ALD. (a) Vue générale m vs. t. (b) Vue de la variation de m durant un cycle.

Une évolution cyclique régulière et linéaire de la prise de masse au cours du dépôt est observée (figure 4.2a). Ceci est caractéristique d'un dépôt par ALD avec une vitesse de croissance du film constante. Une vue détaillée d'un cycle est présentée à la figure 4.2b. Ces mesures effectuées par QCM indiquent tout d'abord que la durée d'exposition aux précurseurs, qu'il s'agisse de $NiCp_2$ ou de O_3, est optimisée. Il en va de même en ce qui concerne les durées de purge. En effet, nous constatons que la variation de masse atteint un plateau lorsque les temps d'exposition et de purge sont terminés. Le gain et la perte de masse sont mis en corrélation avec le mécanisme réactionnel proposé, schématiquement représenté en figure 4.3. La séquence d'adsorption-désorption des espèces en présence (réactifs et produits de réaction) est ainsi représentée. Après une courte exposition au précurseur $NiCp_2$ (représentée en vert sur la figure 4.2b), la masse mesurée augmente progressivement pour atteindre un maximum Δm_1 à la fin de la durée d'exposition (étape S1).

---

1. Le dispositif de micro-balance à quartz dont est équipé le réacteur ALD est un capteur permettant de mesurer la variation de masse, couplé à un système d'acquisition numérique Inficon. Cette méthode comporte un certains nombre d'artéfacts et les mesures effectuées sont donc à prendre avec certaines précautions dans leur interprétation. Nous avons pu ainsi mesurer des écarts de température entre l'intérieur de chambre de dépôt et le crystal lui-même de l'ordre de 10°C. De plus, le capteur sera prochainement équipé d'un système de régulation de la température dédié et d'un balayage d'Ar afin d'éviter le dépôt de matériau autour et notamment en dessous du crystal. Afin d'appuyer l'interprétation faite du mécanisme réactionnel proposé, une étude par spectrométrie de masse est souvent requise. Cependant, les informations qualitatives recueillies sont utiles pour le suivi des dépôts.

Puis une perte de masse est mesurée durant le temps de purge de la chambre de dépôt (phase S2). Une évolution similaire de la succession de prise et perte de masse est observée lors de l'impulsion de O_3. La masse atteint un maximum Δm_2 à la fin de la durée d'exposition à l'ozone (étape S3) suivie par une perte de masse lors du pompage de la chambre de réaction (étape S4).

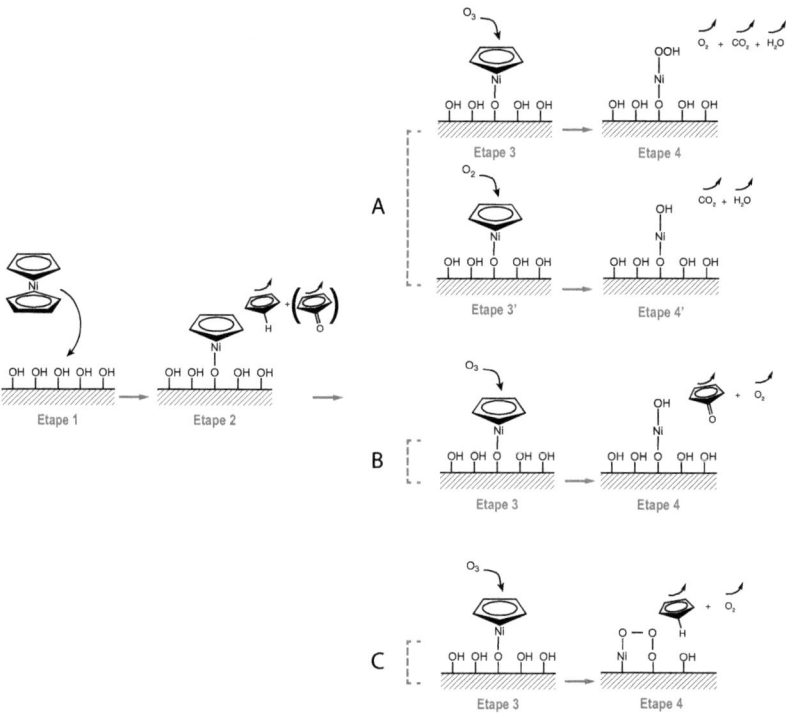

FIGURE 4.3: Description schématique du procédé ALD du dépôt de NiO. Suggestion de mécanismes réactionnels A, B et C après exposition au précurseur O_3 durant les étapes 3 et 4 du cycle ALD.

De manière plus détaillée, la période S1 pourrait ainsi correspondre à la phase d'adsorption des molécules de NiCp$_2$ à la surface de l'échantillon. Durant l'étape S2, se produit une désorption des molécules de précurseur physisorbées alors qu'une partie des molécules de NiCp$_2$ a réagi avec la surface et demeure chimisorbée. Le gain de masse net détecté après l'exposition au précurseur NiCp$_2$ et le pompage des produits de réaction pourrait donc correspondre à la chimisorption d'un groupement –NiCp au niveau d'un site –OH de la surface et à l'évacuation d'une molécule HCp accompagnée probablement d'une cyclopentadiènone (cf. figure 4.3, étapes 1 et 2). Ces deux premières étapes réactionnelles durant le cycle ALD semblent relativement en accord avec les observations réalisées par QCM.

Après l'impulsion du second précurseur (O_3), les résultats que nous obtenons par mesure QCM sont plus discutables dans la mesure où la variation de masse entre les phases S3 et S4 devrait être légèrement négative en considérant la différence de masse des espèces chimisorbées et des intermédiaires réactionnels générés et évacués. L'influence thermique du gaz vecteur sur la fréquence propre du cristal de quartz de la micro-balance est à prendre en considération et peut en effet relativiser certaines interprétations mécanistiques. D'autres méthodes d'investigations, telles que la spectrométrie de masse, pourraient alors appuyer certaines discussions. Cependant, nous proposons dans cette étude trois hypothèses de mécanisme réactionnel probable, résumées sur la figure 4.3 (étapes 3 et 4).

Ainsi, l'étape 3 pourrait être associée à l'adsorption de l'ozone au niveau des terminaisons –NiCp qui aboutit ainsi à la création d'un nouveau site actif au niveau de l'atome de Ni. Une combustion par l'ozone et par l'oxygène, également présent, peut alors se produire, en libérant principalement de l'eau et du CO_2 (mécanisme A). Une combustion incomplète aboutirait à la libération d'un cyclopentadiènone et d'oxygène (mécanisme B). Dans chacun des mécanismes, la surface serait alors réactivée par des terminaisons –OH ou –O–OH à la surface de l'atome de Ni. Les groupes peroxydes dessinés sont ici hypothétiques, car généralement très réactifs et laissent supposer une réaction avec H_2O, il faut y voir plus généralement une activation de la surface par des espèces oxygénées.

Une troisième possibilité (mécanisme C) consisterait à la libération d'un cyclopentadiène, en prenant un atome d'hydrogène provenant de la surface active constituée de terminaisons –OH, formant ainsi un pont entre l'atome de Ni et l'atome d'oxygène en surface. Cette étape réactionnelle dans laquelle un groupe –OH de la surface réagit avec $NiCp_2$ peut cependant être discutable dans la mesure où cette molécule doit réagir avec de l'eau contenue dans la chambre de dépôt.

Il est à noter qu'assez peu d'études mécanistiques ont été recensées dans la littérature concernant la formation de NiO par ALD en utilisant un précurseur de type cyclopentadienyl. Ainsi, le mécanisme réactionnel n'est pour l'heure pas encore bien établi. Néanmoins, le mécanisme en jeu durant la première partie du cycle ALD (S1 + S2, exposition à $NiCp_2$) semble assez réaliste. Il est d'ailleurs confirmé par le suivi d'une réaction analogue par spectrométrie de masse. En effet, Martinson et coll. [191] ont détecté la formation de HCp et OCp durant l'exposition à un précurseur proche, le $FeCp_2$. Ils ont attribué la deuxième étape (S3 + S4, exposition à O_3) à une combustion. Cependant, les auteurs ne proposent pas de mécanisme solide pour cette étape. La difficulté d'interprétation des réactions mises en jeu vient principalement du fait que nous ne détestons pas de perte nette de masse lors de l'exposition à l'ozone. Enfin, le cycle ALD se termine par un faible gain de masse Δm qui se produit exclusivement pendant l'exposition au premier précurseur, $NiCp_2$.

4.2.3.2 Analyses physico-chimiques des films de NiO

Afin de caractériser la morphologie des films de Ni/NiO, ceux-ci ont été observés par microscopie électronique à balayage. La figure 4.4 montre une vue de dessus réalisée par MEB d'un film de NiO déposé dans une membrane d'alumine poreuse. Le film de NiO est représenté de couleur rouge sur la figure. L'image a été réalisée en utilisant le détecteur d'électrons rétrodiffusés afin de permettre d'accroître le contraste chimique de l'image. Nous constatons ainsi que le dépôt de NiO est clairement identifiable à l'intérieur des pores d'alumine.

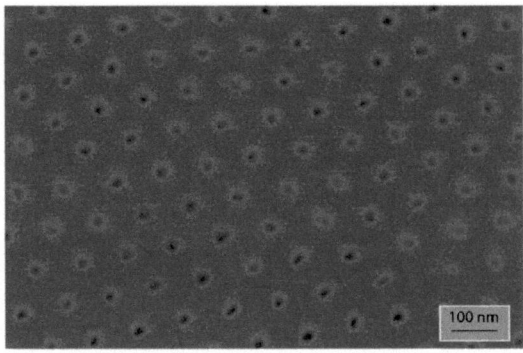

FIGURE 4.4: Image MEB d'un dépôt de NiO (en rouge) dans une membrane d'alumine.

L'épaisseur du film déposé est de l'ordre de 10 nm pour 1000 cycles ALD. L'image réalisée par MET présentée à la figure 4.5 montre en vue transverse les nano-tubes de NiO obtenus à l'intérieur des pores d'alumine. Il faut préciser que l'alumine a été dissoute dans un bain d'acide chromique afin de permettre l'observation en microscopie électronique en transmission des nano-tubes libres de NiO ainsi formés. Leur longueur moyenne est de l'ordre de 5 μm, ce qui indique que le temps d'exposition au précurseur $NiCp_2$ est suffisant pour permettre la couverture totale, jusqu'au fond du pore, du gabarit d'alumine.

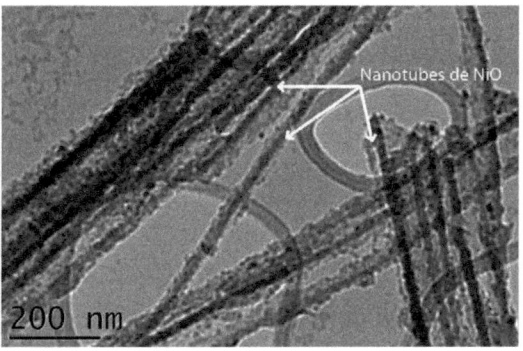

FIGURE 4.5: Image MET de nano-tubes de NiO.

Nous pouvons noter que l'aspect du film de NiO est relativement granuleux, ce qui augmente la surface de contact entre les catalyseurs et l'électrolyte qui sera utilisé dans un second temps pour l'électro-oxydation de l'acide formique. Comme nous l'avons dit précédemment, le film de Ni métallique est obtenu après recuit sous atmosphère contrôlée de H_2. L'observation par MEB (figure 4.6) ne montre pas de changement morphologique majeur après la réalisation de l'étape de recuit. Par ailleurs, la structure cristalline du dépôt de NiO avant et après l'étape de recuit a été analysée par DRX et montre que dans les deux cas, le dépôt est amorphe.

FIGURE 4.6: Image MEB d'un dépôt de NiO dans une membrane d'alumine après recuit sous atmosphère de H_2 à 300°C pendant 3h.

L'étude de la composition chimique du dépôt a été effectuée par XPS. Des pics d'intensité correspondant aux éléments suivants : Ni, O et C sont notamment observables.

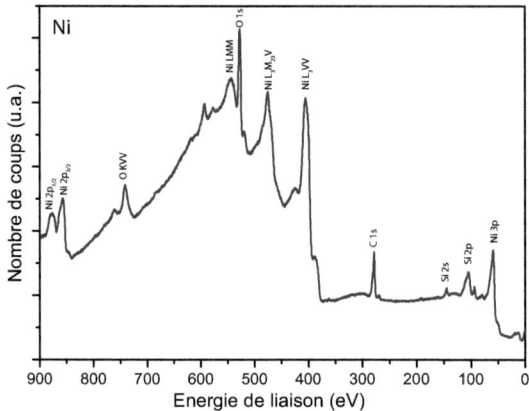

FIGURE 4.7: Spectre large XPS du Ni après recuit sous H_2.

Après l'étape de réduction, nous pouvons ainsi observer des pics d'intensité provenant des niveaux d'énergie Ni 2p et Ni 3p ainsi que des raies Auger associées au Ni. Ceci indique une contribution provenant de la partie métallique du Ni. L'étude montre également un pic d'intensité non négligeable dans la région correspondant à l'énergie de liaison O 1s, ce qui laisse supposer une part non négligeable d'oxyde qui correspond aux liaisons Ni–O qui demeure à la surface du film malgré l'étape de recuit. Cependant, il est important de préciser que l'analyse XPS est une méthode d'analyse de surface ne permettant pas de sonder le volume du matériau étudié sur une profondeur importante. La partie oxydée pourrait ainsi provenir de l'extrême surface de l'échantillon qui peut résulter du transfert du bâti de dépôt vers la chambre d'analyses XPS. Une étude en profilométrie XPS serait donc requise afin de confirmer l'état d'oxydation du dépôt de Ni. La déconvolution du spectre XPS correspondant au niveau d'énergie Ni 2p étant particulièrement complexe à étudier avec de multiples contributions satellitaires, seul le spectre large est montré.

4.2.4 Elaboration de nano-particules de Pd par ALD

4.2.4.1 Mécanisme de croissance du Pd

Un avantage notable de l'ALD réside dans le fait qu'il s'agit d'une technique permettant la croissance de films bidimensionnels. Cependant, dans le cas de l'électro-catalyse, il paraît plus intéressant de former des particules ou des agrégats métalliques tridimensionnels afin d'accroître l'aire spécifique en contact avec le milieu extérieur et diminuer la quantité de matière souvent onéreuse. Afin d'obtenir ce type de morphologie, il est possible d'ajuster les paramètres de dépôt et la nature du précurseur employé. Récemment, Elam et coll. [183] ont rapporté la synthèse, par ALD, de particules de Pd sub-nanométriques en alternant des impulsions de $Pd(hfac)_2$ pour former du Pd métallique avec des impulsions de TMA. Les sites hydroxyls de surface se retrouvent ainsi occupés par les molécules de TMA qui empêchent le précurseur de Pd de se fixer et induit la formation d'îlots plutôt que d'un film continu de Pd. Comme nous l'avons mentionné dans l'introduction, le Pd a été formé à partir du $Pd(hfac)_2$ et du formalin en tant que précurseurs [42, 192, 193]. La formation du dépôt de Pd a fait l'objet d'un suivi par QCM, afin de permettre la détection des gains et pertes de masse au cours du dépôt.

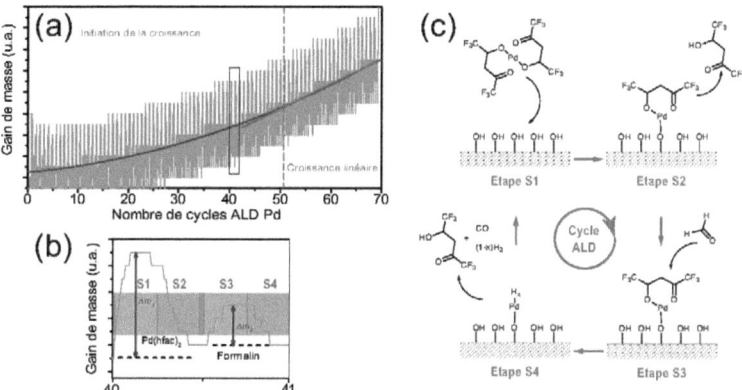

FIGURE 4.8: Suivi du gain de masse par QCM durant le dépôt de Pd par ALD. (a) Vue générale m vs. t. (b) Vue de la variation de m durant un cycle. (c) Description schématique de la réaction.

L'allure générale de la mesure effectuée par QCM est représentée sur la figure 4.8a. La variation de la masse m au cours des cycles ALD montre deux régimes de croissance se produisant respectivement avant et après le cinquantième cycle ALD. Tout d'abord, la vitesse de croissance du Pd semble relativement faible puis augmente progressivement et suit une évolution linéaire à partir de 50 cycles ALD de Pd. La vitesse lente de croissance au départ a déjà été observée lors de travaux antérieurs [192, 194] et pourrait être expliquée par le temps de nucléation nécessaire à la formation de germes de Pd, mais également par la présence de ligands du précurseur présents à la surface de l'échantillon. Une vue détaillée sur un cycle ALD est présentée à la figure 4.8b. Elle indique les prises et les pertes de masse successives au cours du cycle ALD. Ces mesures sont à mettre en parallèle avec la représentation schématique du mécanisme réactionnel proposée en figure 4.8c. L'étape S1 consiste en l'adsorption des molécules de Pd(hfac)$_2$ à la surface. A cette étape, la prise de masse atteint un maximum noté Δm_1. Comme nous pouvons le remarquer, la fin du temps d'exposition ne correspond pas exactement au maximum de la prise de masse, ce qui montre que la durée d'exposition au précurseur pourrait diminuée légèrement. L'étape de purge de la chambre réactionnelle (S2) pourrait être également réduite. En effet, il apparaît que le minimum de désorption des produits de réaction et des espèces qui n'ont pas réagi se produit plus tôt que la fin de la période S2 de pompage. Cependant, afin de s'assurer de la bonne diffusion des espèces à l'intérieur de la structure poreuse, il peut s'avérer judicieux d'exagérer légèrement les durées d'exposition aux précurseurs chimiques. L'étape S3 montre l'exposition de la surface de l'échantillon au second précurseur utilisé, le formalin. La mesure de QCM montre un gain de masse maximum Δm_2 durant la période d'exposition au précurseur. La période de purge de la chambre de réaction se produit durant la phase S4. Ainsi, le gain de masse sur un cycle ALD conduisant au dépôt de Pd se produit principalement durant l'injection du Pd(hfac)$_2$, le Pd présentant la plus grande masse atomique. Le mécanisme réactionnel proposé s'appuie sur des travaux antérieurs [50, 183]. Encore ici, la corrélation entre le suivi réalisé par QCM et le mécanisme réactionnel décrit est à nuancer. En effet, la vibration du cristal de la micro-balance peut être perturbée par l'influence thermique du gaz vecteur entraînant les précurseurs, et ainsi relativiser les interprétations. Une amélioration du dispositif de mesures est actuellement en cours de mise place au laboratoire.

4.2.5 Caractérisation physico-chimique du Pd

Dans un premier temps, le dépôt de Pd sur le film de Ni/NiO a été observé par MEB et AFM (figure 4.9). Ces observations suggèrent la formation de particules de Pd plutôt qu'un film continu, c'est-à-dire selon le mécanisme de croissance Volmer-Weber. La formation d'îlots 3D plutôt que d'un film continu de Pd est notamment dû à la différence d'énergie de surface entre le support contenant une part non négligeable d'oxyde (NiO) et le Pd métallique déposé à sa surface [195]. En effet, l'énergie de surface d'un métal est généralement beaucoup plus grande que celle d'un oxyde. Lors du dépôt d'un métal sur un oxyde, celui-ci, a de ce fait, tendance à démouiller le substrat et à former des particules ou des agrégats de particules tridimensionnels plutôt qu'un film 2D. Cette considération montre donc que même par la méthode ALD, les mécanismes de croissance sont fortement influencés par l'interaction dépôt-substrat.

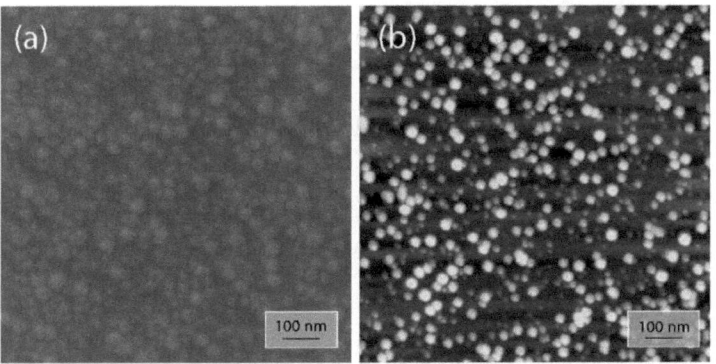

FIGURE 4.9: (a) Image MEB et (b) image AFM de particules de Pd déposées sur un film de NiO supporté sur Si.

La crystallinité du dépôt de Pd a été étudiée par DRX. Le diffractogramme est présenté à la figure 4.10. Celui-ci met en évidence le caractère polycristallin du dépôt de palladium avec une orientation préférentielle des crystallites suivant la direction [220] (pic d'intensité apparaissant autour de 70°). La structure cristallographique du Pd mise en évidence ici est cubique à faces centrées (cfc), comme dans le cas du Pd métallique [176]. Ceci laisse donc suggérer la présence de Pd métallique.

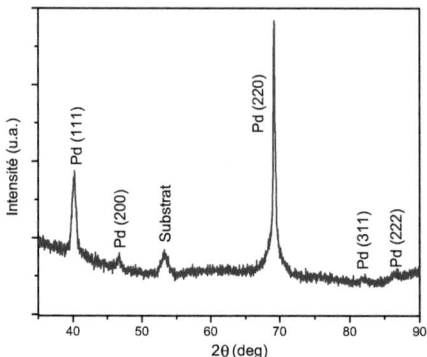

FIGURE 4.10: Diffractogramme de rayons X du dépôt de palladium sur Si(100).

Afin de corroborer les résultats obtenus par DRX, une étude de la composition chimique du dépôt de Pd a été effectuée par XPS. Le spectre général XPS obtenu met en évidence principalement la présence de Pd, O et C. Nous nous focaliserons plus particulièrement sur le niveau Pd 3d du palladium dont le spectre déconvolué est présenté à la figure 4.11. La déconvolution a été faite à partir du modèle usuel de fond continu proposé Shirley et les différentes valeurs caractéristiques obtenues sont résumées dans le tableau 4.1.

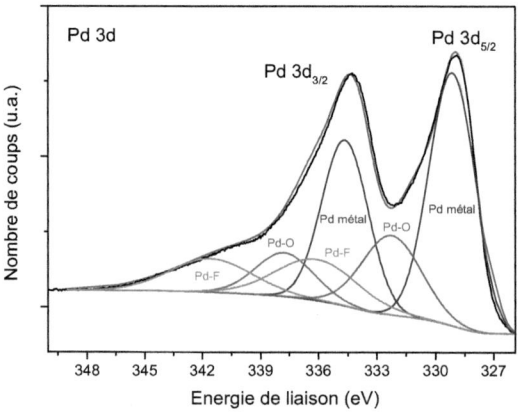

FIGURE 4.11: Spectre XPS du Pd pour le niveau d'énergie 3d.

Catalyseurs	Espèces	EL (eV)	FWHM (eV)	Assignation	at. %
Pd	Pd $3d_{5/2}$	329,1	2,8	Pd métal	38
	Pd $3d_{5/2}$	332,3	3,5	PdO	14
	Pd $3d_{5/2}$	336,1	5,0	PdF	10,3
	Pd $3d_{3/2}$	334,6	2,8	Pd métal	23,4
	Pd $3d_{3/2}$	337,8	3,5	PdO	8
	Pd $3d_{3/2}$	341,6	5,0	PdF	8,5

TABLE 4.1: Résumé des pics de déconvolution du spectre XPS pour le niveau d'énergie Pd 3d.

Comme dans le cas du spectre XPS du Ni, la déconvolution du niveau d'énergie Pd 3d laisse apparaître pour chacun des doublets Pd $3d_{5/2}$ et Pd $3d_{3/2}$ une contribution métallique mais également une contribution d'oxyde attribuée aux liaisons Pd–O. Une dernière contribution provenant de liaisons Pd–F apparaît également. Celle-ci n'est pas très surprenante et pourrait provenir du précurseur ALD utilisé (Pd[$CF_3COCH_2COCF_3$]$_2$) pour le dépôt de Pd. L'oxydation peut à nouveau provenir uniquement de la surface, à cause du transfert vers la chambre d'analyses XPS, et non du volume du matériau. L'analyse XPS nous a donc permis de constater une partie importante de fraction atomique provenant du Pd métallique comportant des traces de parties oxydées.

4.2.6 Propriétés catalytiques : électro-oxydation de l'acide formique

L'électro-oxydation de l'acide formique a été réalisée en milieu acide (0,5 M H_2SO_4) afin d'activer le catalyseur de Pd. L'étude de cette oxydation a fait l'objet d'un suivi par voltammétrie cyclique. La figure 4.12a montre le comportement électrochimique du système catalytique Pd/Ni, avec et sans ajout d'acide formique en quantité molaire. Le voltammogramme présenté a été réalisé après 1000 cycles ALD de NiO et 100 cycles ALD de Pd [2]. La tension appliquée varie entre $-0,75$ V et $0,4$ V vs. ESM pour une vitesse de balayage de 15 mV·s^{-1}. Pour des tensions

---

2. Afin de ramener la quantité de Pd à sa masse effective, nous avons utilisé un calcul géométrique afin d'estimer l'épaisseur de NiO déposée, dans un premier temps, 10 nm, à l'intérieur des pores d'alumine qui ont un diamètre d'ouverture de 40 nm et une longueur de 5 μm. La quantité de pores pour la surface d'échantillon considérée est de l'ordre de 2,27×10^9. Cette valeur est calculée à partir de la formule suivante $n = \frac{2 \cdot 10^{14}}{\sqrt{3} \cdot D_{int}^2}$ pour un arrangement hexagonal des pores avec $D_{int} = \sqrt{2.5 \times U}$ où D_{int} désigne la distance (en nm) entre deux pores consécutifs et U la tension d'anodisation appliquée (en V). La surface spécifique disponible pour le dépôt de Pd peut ainsi être estimée. Ensuite, à partir de la masse de Pd par unité de surface mesurée à l'aide de la QCM, une estimation de la masse de Pd totale peut être estimée.

inférieures à $-0,65$ V, nous observons la réduction du proton. Sans ajout d'acide formique (trait en pointillés sur la figure 4.12a), pour des tensions comprises entre $-0,6$ V et 0 V, le voltammogramme met en évidence une région où la densité de courant varie peu. Aucune activité électro-catalytique n'est à noter. En présence d'acide formique (trait continu sur la figure 4.12a), pour un balayage à partir de $-0,6$ V vers les surtensions anodiques, la densité de courant augmente pour atteindre un maximum autour de $0,26$ A·mg^{-1} de Pd à $-0,2$ V. Ceci correspond à l'oxydation de HCOOH. Pour des surtensions plus élevées, la densité de courant diminue, à cause de l'oxydation du Pd et de l'inhibition de l'effet catalytique de celui-ci jusqu'à $0,4$ V [51]. Ceci est visible car les balayages aller et retour ne suivent pas exactement la même évolution de densité de courant pour ces surtensions anodiques. Sur le balayage retour, la densité de courant reste faible pour des surtensions jusqu'à $0,19$ V dû à l'oxydation de la surface de Pd, puis se caractérise par une augmentation continue due à la réaction d'oxydation du HCOOH sur le Pd réactivé. Il est à noter que la vague anodique centrée à $-0,19$ V sur le balayage retour du voltamogramme est supérieure en termes de densité de courant que celle observée sur le balayage direct. Cette hystérésis tend à indiquer que la surface de Pd reste active et que les formes intermédiaires oxydées sont complètement réduites lorsque la tension atteint les régions de potentiels négatifs. L'électro-oxydation de l'acide formique suit donc la séquence réactionnelle en accord avec des travaux précédents [196], suivant le procédé de déshydrogénation. Pour les surtensions cathodiques entre $-0,6$ V et $-0,75$ V, la densité de courant varie de la même manière qu'en absence d'acide formique. A ce niveau, l'initiation de la réduction du proton se produit.

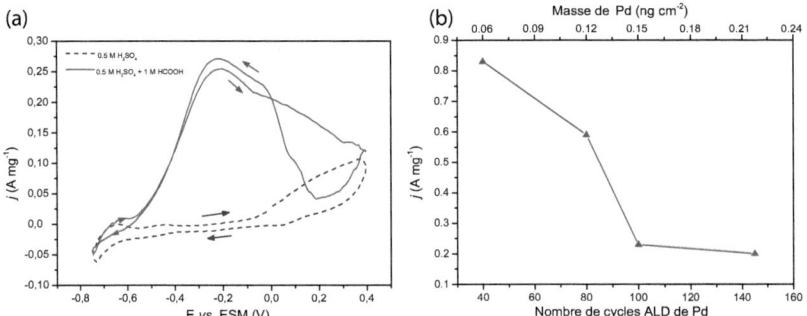

FIGURE 4.12: Voltammétrie cyclique réalisée sur des catalyseurs Pd/Ni dans H$_2$SO$_4$ + HCOOH (a). Valeur du pic anodique centré à $-0,19$ V en fonction du nombre de cycles ALD de Pd (b).

L'effet du nombre de cycles ALD de Pd (40, 80, 100 et 145), pour un nombre de cycle de Ni fixé, et donc le ratio Pd:Ni sur le pic de densité de courant observé pour une tension de $-0,19$ V est résumé sur la figure 4.12b. L'activité électro-catalytique observée est ainsi de l'ordre de 4 fois inférieure en passant de 40 à 145 cycles ALD de Pd. L'augmentation de la masse de Pd peut ainsi induire la formation d'agrégats plus grands et diminuer les interactions avec le substrats de Ni. Ces deux raisons pourraient ainsi expliquer la diminution de l'activité catalytique sur l'oxydation de l'acide formique lors de l'augmentation de la masse de Pd.

4.2.7 Conclusion

Cette étude a donc permis de mettre en évidence la formation de systèmes catalytiques Pd/Ni-NiO, malgré une réduction non totale du film de NiO élaboré par ALD. L'étude de l'activité électrochimique sur l'oxydation de HCOOH montre une activité électro-catalytique de ces systèmes. Cela a permis aussi de démontrer que lorsque la quantité de Pd ou la tailles des particules formées augmente, l'activité électro-catalytique sur l'acide formique diminue fortement. La perspective de ce travail consistera à optimiser davantage les paramètres de dépôts, notamment afin de former des structures cœur-coquilles Pd-Ni. De même, différentes morphologies pour le support que constitue l'alumine nano-poreuse pourront être étudiées (diamètre des pores, épaisseur de la membrane), afin de réaliser et d'optimiser des membranes électro-catalytiques pour lesquelles des considérations de micro-fluidique pourront intervenir.

4.3 Systèmes catalytiques Pd/TiO$_2$ pour l'électro-oxydation de l'éthanol

4.3.1 Introduction

Les motivations de l'utilisation d'une DEFC sont les mêmes que celles précédemment évoquées dans le cas des DFAFCs. Cependant, la conversion d'énergie sera ici étudiée pour des applications dans l'industrie automobile car la densité énergétique de l'éthanol paraît mieux adaptée que celle de l'acide formique (8028 Wh/kg). Ainsi dans cette partie, nous proposons de synthétiser des systèmes Pd/TiO$_2$ permettant la rupture de liaisons C–C de l'éthanol et ainsi libérer des protons et d'électrons qui permettent l'alimentation d'un circuit extérieur.

4.3.2 Le support des catalyseurs

Afin de servir de support aux catalyseurs, des nano-tubes de TiO_2 ont été fabriqués en solution aqueuse suivant le mode opératoire préalablement décrit au chapitre 2. La figure 4.13 montre ainsi une image obtenue par MET des nt-TiO_2 ainsi fabriqués. L'avantage de l'utilisation de ce type de support réside dans le fait qu'il possède une grande surface spécifique. En effet, les parois des tubes peuvent être fonctionnaliser non seulement à l'intérieur mais également au niveau des espaces interstitiels. De plus, les nt-TiO_2 subissent moins l'empoisonnement durant l'électro-oxydation que les substrats carbonés communément utilisés aujourd'hui [197]. Les nano-tubes fabriqués ont typiquement une longueur d'un micromètre pour un diamètre d'ouverture de l'ordre de 80 nm. Leur fonctionnalisation est effectuée par la technique ALD. Cette méthode permet de tapisser la surface des nt-TiO_2 avec des nano-particules de Pd. Enfin, le TiO_2 est résistant dans le milieu très alcalin, nécessaire à l'activation du palladium pour l'oxydation de l'éthanol.

FIGURE 4.13: Images MET de nano-tubes de TiO_2 crus en électrolyte aqueux, vue en coupe et vue du dessus.

4.3.3 Croissance des catalyseurs de Pd

Il est inutile de rappeler ici le mécanisme de formation des particules de Pd par ALD qui a été largement décrit dans la partie précédente. Cependant, nous pouvons souligner le fait qu'avoir une surface totalement oxydée (TiO_2) favorise d'autant plus la formation de particules de Pd suivant le mode de croissance Volmer-Weber plutôt que d'un film continu. Pour un nombre croissant de cycles ALD de Pd, nous pouvons observer une évolution de la morphologie des nano-particules ainsi formées. La figure 4.14 montre pour un nombre de cycles ALD variant de 100 à 900, la morphologies des particules obtenues. Pour un faible nombre de cycles ALD de Pd, nous constatons que les particules sont sphériques et que leur taille est inférieure à 10 nm. En augmentant le nombre de cycles ALD, les particules grossissent et ont tendance à s'agréger formant ainsi des amas facettés et non plus circulaires. Les particules sont néanmoins très homogènes en tailles et si on observe par microscopie électronique les nt-TiO_2 en coupe après le dépôt des particules de Pd, nous constatons à nouveau la faible dispersion en taille des particules de palladium et le taux de recouvrement important des nano-tubes sur la totalité de leur longueur (cf. figure 4.15a et 4.15b).

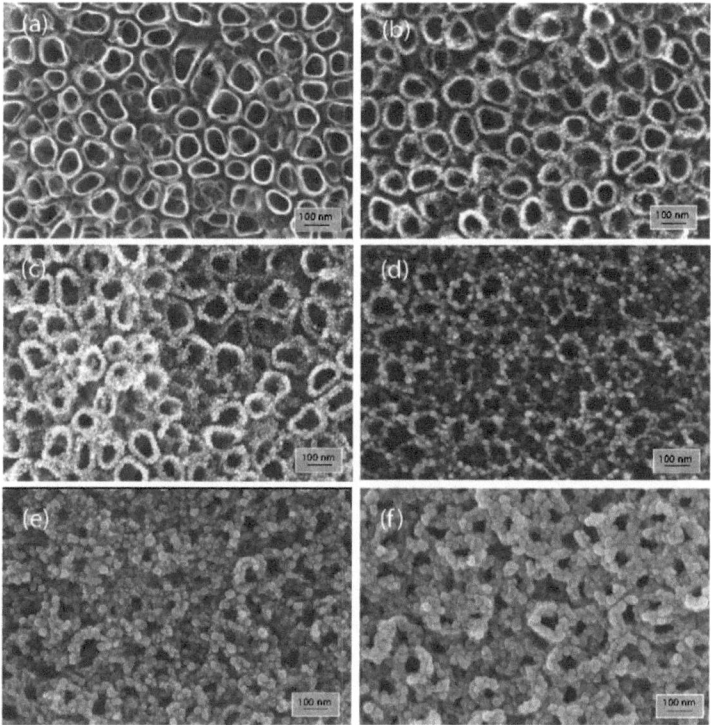

FIGURE 4.14: Nano-particules de Pd supportées sur nano-tubes de TiO_2 après différents nombres de cycles ALD (a) 100, (b) 400, (c) 500, (d) 700, (e) 800 et (f) 900 cycles ALD.

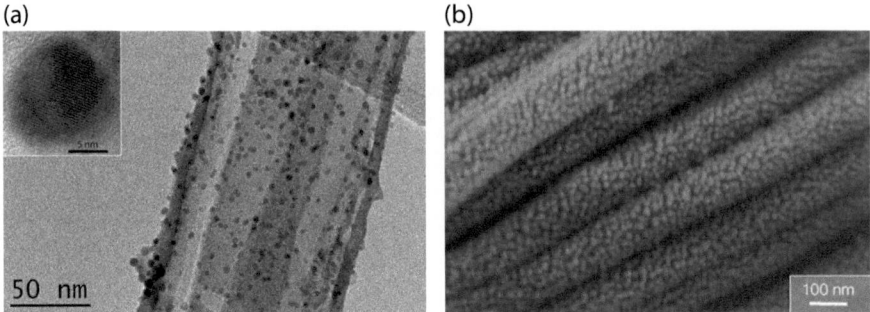

FIGURE 4.15: (a) Image MET montrant les nano-particules de Pd déposées le long des parois d'un nanotube de TiO$_2$. Encart : vue élargie sur une particule. (b) Image MEB de nanotubes de TiO$_2$ recouverts de nano-particules de Pd.

Les images présentées ici permettent de visualiser clairement l'extérieur de la paroi des nanotubes, située au niveau des vides interstitiels. Cet espace étant significativement plus étroit que l'embouchure et le diamètre des nano-tubes, il paraît assez naturel de penser que la paroi intérieure des tubes est également recouverte de nano-particules de Pd. Ce qui est d'ores et déjà visible grâce aux vues de dessus des tubes recouverts de Pd présentées en figure 4.14. De plus, les figures 4.15a et 4.15b permettent d'observer qu'aucun gradient de taille des particules de palladium n'est à noter le long de la paroi des nano-tubes de TiO$_2$. Enfin, l'image MET haute résolution en encart de la figure 4.15a montre une vue élargie d'une nano-particules de Pd, laissant apparaître les plans atomiques dans les particules déposées. Ceci indique que le dépôt de palladium est cristallin.

4.3.4 Composition chimique et cristallinité des catalyseurs

Une étude de la composition chimique des dépôts de Pd sur les nano-tubes de TiO$_2$ a été effectuée par XPS. De manière générale, nous pouvons formuler les mêmes observations que dans le cas du dépôt de Pd sur Ni présentées au paragraphe 4.2.5. L'analyse du spectre large présenté à la figure 4.16 la formation de Pd métallique avec les contributions des niveaux d'énergie Pd 3d notamment. Une contribution de l'oxygène du niveau d'énergie O 1s est également à noter ce qui laisse supposer la formation d'oxyde de Pd. La relative faible intensité du pic correspondant à l'énergie du carbone C 1s laisse supposer une faible contamination. La résolution du spectre d'analyses XPS n'étant pas de très bonne résolution, nous avons préféré montrer ici le spectre large et non les déconvolutions des spectres élargis sur les niveaux d'énergie de liaison de chaque élément détecté.

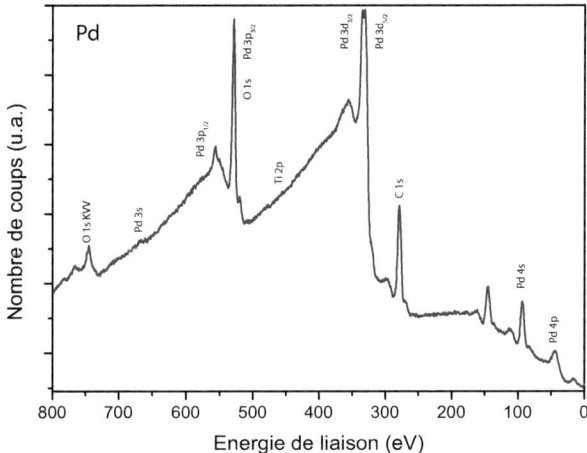

FIGURE 4.16: Spectre large d'analyses XPS d'un système TiO$_2$/Pd (500 cycles ALD de Pd).

Une étude par diffraction de rayons X a été également réalisée sur les dépôts de Pd sur nt-TiO$_2$. Elle confirme une orientation préférentielle des particules de Pd suivant les directions [111] autour de 40° et [200] autour de 47°. Les diffractogrammes sont présentés en figure 4.17. Une vue élargie du pic d'intensité centré sur 40° est représentée en figure 4.17b. Ceci nous permet d'identifier clairement l'augmentation de l'intensité du pic lorsque la quantité de palladium croît, c'est-à-dire lorsque le nombre de cycles ALD est plus grand et que les particules résultantes sont plus grosses. Ceci a déjà été observé dans la partie précédente. Nous allons dès lors nous focaliser davantage sur l'étude électrochimique de l'oxydation de l'éthanol sur ce types de systèmes catalytiques afin de mettre en correspondance leurs propriétés physico-chimiques et leurs propriétés catalytiques.

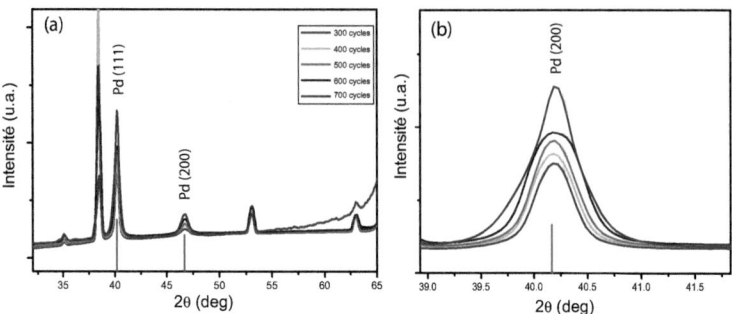

FIGURE 4.17: Diffractogramme de RX des particules de Pd déposées sur nt-TiO$_2$ pour différents nombres de cycles ALD, variant de 300 à 700 cycles ALD par pas de 100.

4.3.5 Electro-oxydation de l'éthanol

Les catalyseurs de Pd montrent une activité forte pour l'électro-oxydation de l'éthanol en milieu alcalin, à pH élevé. Ainsi notre étude a été réalisée dans des conditions de pH de l'ordre de 14 en utilisant une solution de concentration molaire de KOH. Le voltammogramme présenté à la figure 4.18 montre ainsi l'activité des systèmes catalytique Pd/TiO$_2$ en solution 1 M KOH, en l'absence d'éthanol.

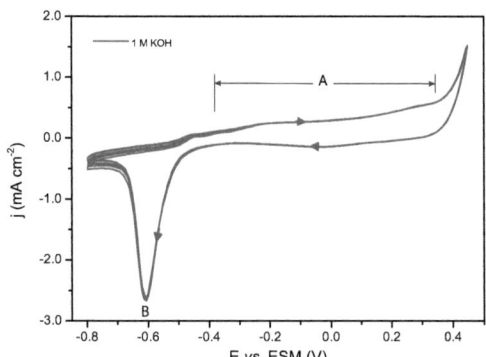

FIGURE 4.18: Voltammétrie cyclique d'un dépôt de nano-particules de Pd sur nano-tubes de TiO$_2$ réalisé en électrolyte alcalin (1 M KOH). Vitesse de balayage de 20 mV/s.

La région notée A, entre $-0{,}4$ et $0{,}4$ V correspond exclusivement à la phase de formation d'oxyde de palladium (II) à la surface du catalyseur. A partir de 0,4 V dans le sens des surtensions anodiques, une augmentation de la densité de courant est observée [65]. Celle-ci est attribuée à l'oxydation de l'eau. Concernant le balayage retour vers les surtensions cathodiques, le pic noté B, centré à −0,6 V, est attribué à la réduction de l'oxyde de Pd(II) selon la relation suivante :

$$\text{PdO} + \text{H}_2\text{O} + 2e^- \rightleftharpoons \text{Pd} + 2\text{OH}^- \qquad (4.2)$$

En stoppant la voltammétrie cyclique à −0,8 V, nous limitons la réduction de l'hydrogène à la surface du catalyseur. Ce phénomène n'est ainsi pas observable sur la figure présentée. En ajoutant de l'éthanol en concentration molaire, pour deux nombres de cycles ALD différents de Pd (respectivement 800 et 900), la réponse électrochimique est considérablement modifiée. Les résultats de la voltammétrie cyclique sont montrés sur la figure 4.19. Comme nous pouvons l'observer sur ce voltammogramme, en partant du potentiel de circuit ouvert à −0,97 V, le courant anodique augmente progressivement jusqu'à atteindre un maximum pour une surtension de −0,55 V sur le balayage direct (pic noté A'). Cette augmentation de courant pour un déplacement vers les surtensions anodiques correspond à l'oxydation de l'éthanol sur la surface de palladium.

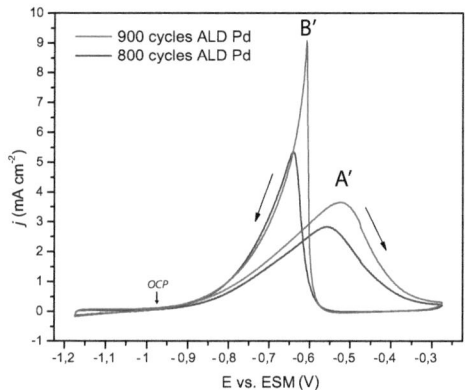

FIGURE 4.19: Voltammétrie cyclique réalisée dans 1 M KOH + 1 M EtOH à 25 mV/s pour 800 et 900 cycles ALD de Pd.

Durant cette réaction, des produits intermédiaires réactionels sont formés, comme des groupements éthoxyles (Pd-$(\text{CH}_3\text{CO})_{ads}$) et hydroxydes (Pd-$\text{OH})_{ads}$) qui sont adsorbés à la surface du palladium et bloquent ainsi l'adsorption de l'éthanol et induit une oxydation de la surface du catalyseur. Ceci correspond à la chute du courant à partir d'une surtension de −0,55 V.

Le balayage retour se caractérise par une augmentation du courant à partir des surtensions de $-0,57$ V, atteignant un maximum à $-0,65$ V (pic noté B'). Ceci correspond à la réactivation de la surface de palladium, c'est-à-dire à la réduction de l'oxyde de Pd(II) formé, suivant la réaction 4.2. Nous pouvons ainsi noter la forte activité catalytique des systèmes élaborés, ce qui montre en outre que la surface du Pd s'oxyde peu au cours des cycles successifs et maintient un bon niveau d'activité vis à vis de l'oxydation de l'éthanol au cours du temps, avec un faible empoisonnement de sa surface. Si on compare les vagues anodiques A' et B', celles-ci sont plus grandes lorsque la charge en Pd augmente. Par ailleurs, nous pouvons constater qu'en présence d'éthanol, la région cathodique de réduction de l'hydrogène apparaît peu. Cette absence de pic dans la région des surtensions les plus cathodiques pourrait être attribuée à l'adsorption de l'éthanol, selon les relations suivantes [65] :

$$Pd + CH_3CH_2OH \rightleftharpoons Pd - (CH_3CH_2OH)_{ads} \tag{4.3}$$

$$Pd - (CH_3CH_2OH)_{ads} + 3OH^- \rightarrow Pd - (CH_3CO)_{ads} + 3H_2O + 3e^- \tag{4.4}$$

Ainsi, les groupements éthoxyles résultants, comme par exemple $(CH_3CO)_{ads}$, sont fortement adsorbés au niveau des sites actifs de l'électrode de palladium, ce qui est susceptible de bloquer l'adsorption de l'hydrogène.

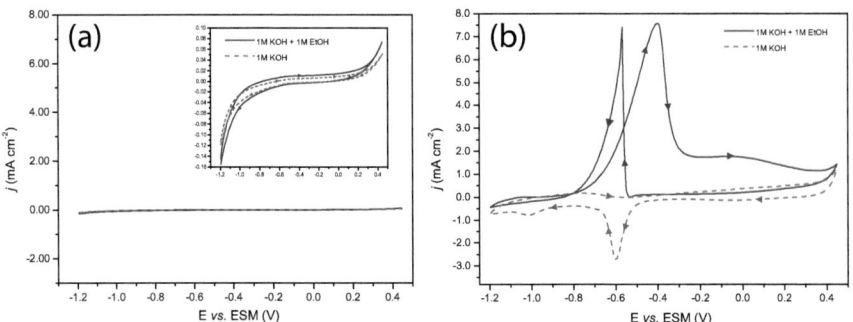

FIGURE 4.20: Voltammétries cycliques réalisées dans KOH 1M + EtOH 1M (a) nt-TiO$_2$ nus, (b) 500 cycles ALD de Pd sur nt-TiO$_2$.

Afin d'avoir une référence, les nano-tubes de TiO$_2$ seuls, sans ajout de catalyseur de Pd, ont été étudiée à la fois en électrolyte contenant une concentration molaire de KOH et également en ajoutant une concentration molaire d'éthanol (figure 4.20a). Ces résultats indiquent qu'aucune activité catalytique, que ce soit en présence ou non d'éthanol n'est observée. A titre de comparaison, sont représentées la figure 4.20b, à la même échelle, l'activité électro-catalytique de système Pd/TiO$_2$ avec un nombre de 500 cycles ALD de palladium. La courbe rouge en pointillés représente l'activité sans ajout d'éthanol, le pic indexable sur la présence de Pd centré à $-0,6$ V est présent. Concernant la courbe bleue, il s'agit du même système que décrit précédemment à la figure 4.19b. Dans ce cas, les mêmes interprétations que précédemment sont réalisées.

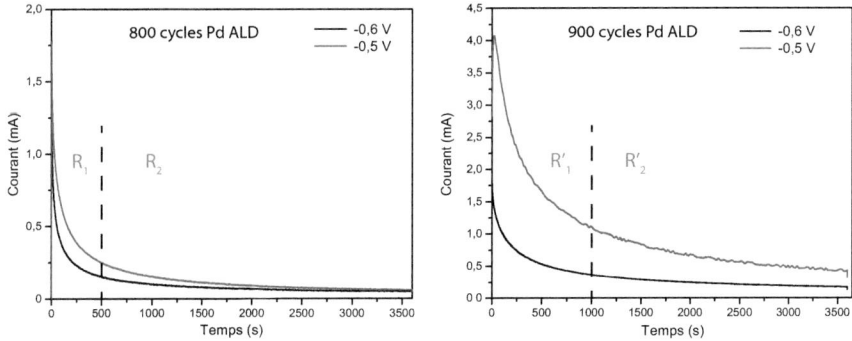

FIGURE 4.21: Suivi chrono-ampérométrique de l'activité catalytique du Pd en présence d'éthanol durant 1 h.

La dernière partie de ce travail a consisté à effectuer un suivi chrono-ampérométrique (CA) de l'électro-oxydation de l'éthanol pour deux échantillons de nano-tubes de TiO$_2$ comportant chacun respectivement une charge de 800 et 900 cycles ALD de Pd. Les CA ont été réalisées dans chacun des cas à $-0,5$ V et $-0,6$ V, correspondant respectivement au maximum de la densité de courant pour les balayages aller et retour observés lors du suivi par voltammétrie cyclique. Les chrono-ampérogrammes sont présentés en figure 4.21. Les catalyseurs présentent une forte activité jusqu'à 500 s pour 800 cycles ALD de Pd (région R_1) et jusqu'à 1000 s pour 900 cycles ALD de Pd (région R'_1), puis ils perdent de leur efficacité (environ respectivement 25% et 12% pour les CA réalisées à $-0,5$ V et $-0,6$ V). La diminution du courant dans ces deux régions R_2 et R'_2 est attribuée à une rapide augmentation de la quantité d'espèces oxydées qui sont adsorbées à la surface active du catalyseur, diminuant ainsi sa capacité à électro-oxyder l'éthanol. Ces observations nous permettent de voir que pour un plus grand nombre de cycles ALD de Pd, c'est-à-dire une quantité plus importante, le système catalytique semble stable et être désactivé moins rapidement que pour une quantité moindre de catalyseur.

4.3.6 Conclusion

Cette étude a permis de mettre en évidence la corrélation entre le nombre de cycles ALD, la morphologie des catalyseurs obtenus et leur activité électrochimique sur l'oxydation de l'éthanol. Comme nous avons pu le constater, une forte activité est à noter pour un nombre important de cycles ALD de Pd, c'est-à-dire pour des agrégats résultants particulièrement volumineux. L'objectif de la suite à donner à ce travail sera de tenter de réduire la taille des particules de Pd tout en augmentant leur réponse électro-catalytique afin de diminuer la charge en métal noble. Enfin, une autre perspective de ce travail consistera en la variation de la cristallinité du support, les nano-tubes de dioxyde de titane étaient dans le cadre de la présente étude amorphes mais qui peuvent devenir cristallins par simple recuit (cf. chapitre 2). Il a, en effet, été décrit que la cristallinité du support pouvait avoir un effet positif sur l'activité électro-catalytique des systèmes élaborés [198, 199]. Enfin, la prise en considération des propriétés photo-catalytiques du TiO_2 peuvent également être intéressantes pour l'oxydation de l'éthanol.

Chapitre 5

Fonctionnalisation de nano-tubes de TiO$_2$ pour la photo-conversion.

5.1 Introduction

Comme nous l'avons vu au cours des chapitres précédents, le dioxyde de titane est un matériau particulièrement prometteur et il est actuellement utilisé dans de nombreuses applications (cf. chapitre 2). Depuis les années 1990 et les travaux de recherche effectués dans le domaine des nanosciences et des nanotechnologies, de nouvelles propriétés de ce matériau ont émergées. En particulier, le TiO_2 a connu un impact fort dans les technologies de conversion de l'énergie solaire, avec notamment son utilisation dans les cellules à colorant développées par Grätzel et Oregan [78] qui ont ainsi démontré la grande efficacité de ces dispositifs. Plusieurs géométries du TiO_2 ont été étudiées ces dernières années, que ce soit sous forme de nano-particules, nano-tubes ou films minces [114]. Parmi ces morphologies, les systèmes unidimensionnels du type nano-tubes semblent très intéressants, en particulier pour les technologies de la conversion de l'énergie solaire dans la mesure où la diffusion du rayonnement lumineux à l'intérieur de tels systèmes 1D est facilitée et optimisée [119]. C'est ainsi que la croissance électrochimique de semi-conducteurs mais aussi de structures poreuses comme les nano-tubes de TiO_2, fait l'objet d'une attention importante et est utilisée dans le nombreux domaines touchant à l'énergie (cf. chapitre 2) [109, 200].

5.2 Croissance par électrochimie de systèmes Cu_2O/TiO_2

Tout d'abord les nt-TiO_2 proposent par leur architecture même une grande surface active, avec un espace disponible non seulement au niveau de la paroi intérieure des tubes, mais également au niveau de leur paroi extérieure dans les vides interstitiels situés entre les nano-tubes. De plus, la structure nano-tubulaire optimise notablement la collection et le transport des porteurs de charge photo-générés à l'intérieur du système nano-poreux en comparaison à d'autres structures nano-granulaires existantes. Par ailleurs, la faible épaisseur de leur paroi (< 10 nm) optimise la photo-conversion des photons absorbés. Dans de tels espaces confinés les paires électron-trou peuvent être séparées plus efficacement [100, 118]. D'autre part, l'oxyde de cuivre I (Cu_2O) est un oxyde semi-conducteur de type p (bande interdite de 2,2 eV) qui exhibe des propriétés intéressantes pour l'absorption de la lumière visible. Par ailleurs, les structures de bandes du Cu_2O et du TiO_2 sont favorablement positionnées et ces systèmes ont été utilisés comme jonction p/n en photo-catalyse mais également pour la fabrication de cellules photovoltaïques [201–205]. Tout comme le CuO, le dépôt du Cu_2O s'effectue principalement par voie électrochimique [206, 207].

Récemment, Schmuki et coll. ont réussi à remplir des nt-TiO$_2$ avec du cuivre métallique. Pour cela, ils ont effectué un dépôt électrochimique après avoir dopé les nano-tubes en solution de NH$_4$Cl [208]. Cependant, en se plongeant de façon plus attentive dans la littérature, il paraît encore difficile d'être en mesure de déposer de manière conforme le Cu$_2$O dans les nt-TiO$_2$. Nous allons ainsi proposer ici une méthode originale favorisant la diminution de la taille des agrégats de Cu$_2$O pour leur permettre de s'introduire plus efficacement dans la structure poreuse de TiO$_2$ [209, 210].

5.3 Paramètres expérimentaux

La croissance des structures Cu$_2$O/nt-TiO$_2$ a été effectuée en deux étapes ; tout d'abord l'élaboration des nano-tubes de TiO$_2$ en solution aqueuse (cf. chapitre 2 pour les détails sur les mécanismes de croissance de ces structures) puis le dépôt par voie électrochimique de structures de Cu$_2$O.

5.3.1 Croissance des nt-TiO$_2$

Les nt-TiO$_2$ ont été fabriqués dans un électrolyte aqueux composé d'une concentration molaire de H$_3$PO$_4$ et 0,50% en volume de HF pour assurer la formation de nano-tubes [64, 111, 113]. Les nano-tubes ont crus sur un feuillet de Ti (Advent, UK, 99,6% de pureté) préalablement nettoyé à l'aide de bains successifs d'acétone, isopropanol et méthanol puis rincés à l'eau désionisée et séchés sous flux d'azote.

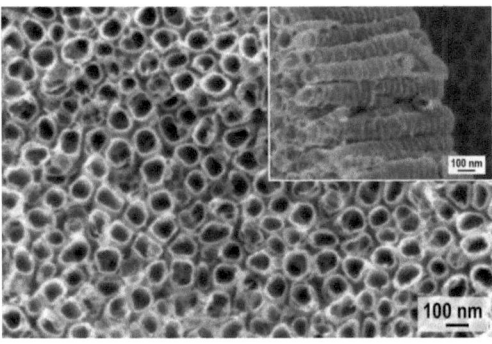

FIGURE 5.1: Image MEB de nano-tubes de TiO$_2$ crus dans une solution aqueuse ; encart : vue en section transverse.

Le dispositif expérimental et un sytème électrochimique standard à trois électrodes. Une grille de Pt constitue la contre-électrode, la référence des potentiels est établie à partir d'une électrode ESM. La figure 5.1 montre la morphologie des nano-tubes de TiO_2 ainsi obtenus.

5.3.2 Croissance des agrégats et films de Cu_2O

Les films et agrégats de Cu_2O ont été déposés sur les nt-TiO_2 par électro-dépôt en utlisant le même dispositif expérimental. L'électrolyte a été préparé selon Golden et coll. [211] : 0,3 M $CuSO_4$ + 3 M d'acide lactique et 5 M de NaOH pour s'assurer d'être en milieu basique. Le pH est d'ailleurs ajusté entre 9 et 11 au cours de l'expérience par ajout de NaOH. L'électrolyte ainsi que la cellule électrochimique ont été thermalisées à 50°C durant la réaction. La potentiel d'électro-dépôt a été appliqué soit de manière continue, soit de manière pulsée, ce qui constitue l'originalité de ce travail.

5.4 Résultats et discussion

5.4.1 Caractérisation électrochimique des systèmes Cu_2O/nt-TiO_2

Les nano-tubes de TiO_2 qui ont été utilisés n'ont pas subi de traitement thermique (recuit) après leur élaboration. Ils ont donc une structure amorphe. Afin de réaliser une jonction p/n, des structures de Cu_2O ont été déposées sur les nt-TiO_2. Il est important de rappeler que le TiO_2 est un semi-conducteur de type n (bande interdite de 3,2 eV). Dès lors, en appliquant un potentiel cathodique, l'interface électrode/électrolyte contient une majorité d'électrons et la réduction des ions Cu^{2+} contenus dans l'électrolyte en ions Cu^+ est alors possible. L'acide lactique présent dans l'électrolyte permet comme il l'a été démontré précédemment de complexer les ions cuivriques afin de favoriser leur réduction en ions cuivreux [211] selon la réaction suivante :

$$Cu^{2+} + e^- \rightarrow Cu^+ \tag{5.1}$$

Afin de stabiliser la solution, les dépôts électrochimiques ont été effectués à 50°C. Dans un premier temps, les mécanismes électrochimiques se produisant durant l'électro-dépôt de Cu_2O sur les nt-TiO_2 ont fait l'objet d'un suivi par voltammétrie cyclique.

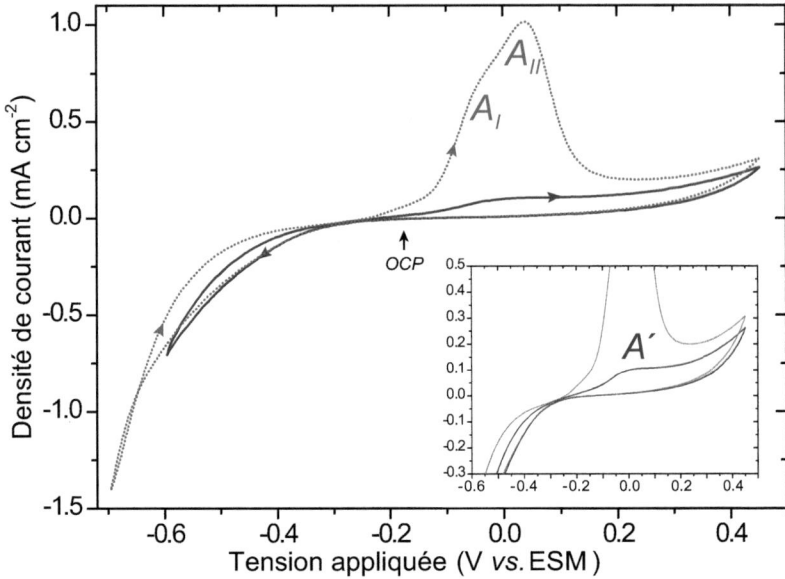

FIGURE 5.2: Voltammétrie cyclique réalisée sur nt-TiO$_2$ immergés dans la solution de dépôt de Cu$_2$O à 50°C. Vitesse de balayage 20 mV/s. Une vue élargie de la zone de faible courant est montrée dans l'encart.

La figure 5.2 montre deux voltammogrammes des électrodes de TiO$_2$ immergées dans l'électrolyte pour deux gammes de potentiels. La tension de circuit ouvert (OCP) se situe autour de $-0{,}15$ V, elle est signalée par une flèche noire sur la figure. Les potentiels sont tous donnés par rapport à l'électrode de référence ESM. Pendant la voltammétrie cyclique, on polarise premièrement vers les surtensions cathodiques, puis anodiques, pour revenir finalement au potentiel d'équilibre. Sur les deux courbes une forte augmentation de la densité de courant cathodique est observée à partir de $-0{,}1$ V pour les potentiels cathodiques. Afin d'identifier cette réaction, le voltammogramme a été stoppé à $-0{,}6$ V et $-0{,}7$ V. Sur les balayages retours, deux pics anodiques sont clairement visibles (A_I et A_{II}) lorsque le voltammogramme est stoppé à $-0{,}7$ V alors qu'ils sont pratiquement inexistants lorsque la voltammétrie cyclique est arrêtée à $-0{,}6$ V (pic A' de la figure 5.2). Ceci indique que le dépôt de Cu$_2$O est initié pour des potentiels cathodiques à partir d'environ $-0{,}55$ V. Si des surtensions cathodiques inférieures sont appliquées, A' disparaît complètement et aucun dépôt n'est constaté a postériori par microscopie. De plus, cette valeur est en accord avec le potentiel d'oxydo-réduction du couple Cu^{2+}/Cu$^+$ égal à $-0{,}52$ V vs. ESM. A_I et A_{II}

sont centrés respectivement à -50 mV et 50 mV. Ils sont attribués à des oxydations successives de Cu_2O en Cu^{2+} en solution. Nous pouvons noter que des vagues anodiques similaires sont observées sur une électrode d'or dans le même électrolyte [212]. Le pic A' correspond quant à lui à l'ensemble des deux procédés d'oxydation. Sa faible intensité peut être assimilable à la convolution des deux pics A_I et A_{II} dans le cas où la tension appliquée atteint $-0,7$ V. Nous pouvons noter ici qu'il est inattendu d'observer ces deux pics car le TiO_2 est un semiconducteur de type n. Le mécanisme ne devrait donc pas être reversible lorsque les potentiels anodiques sont appliqués car cela correspond à une diode bloquée. Cependant, les nano-tubes de TiO_2 ne sont pas des semi-conducteurs parfaits et des courants anodiques peuvent traverser l'interface via les nombreux défauts de surface. Sur la branche cathodique du voltammogramme, aucun plateau de courant de diffusion n'est observé pour des polarisations cathodiques plus élevées. En effet, une augmentation du courant se produit à partir de $-0,3$ V. Cette augmentation de courant pourrait être attribuée à la réduction de l'eau, mais ce n'est pas le cas puisque celle-ci survient pour des tensions plus basses sur le TiO_2. Il n'était alors pas possible d'appliquer une tension plus basse dans la branche cathodique car au-delà de -1 V, le Cu_2O est réduit en cuivre métallique ($E°_{Cu_2O/Cu}=-1$ V $vs.$ ESM [213]). Afin d'expliquer cette évolution du courant, une précédente étude a été réalisée sur de l'oxyde d'étain dopé à l'indium (ITO) et a montré que la réduction du Cu_2O ne s'effectue pas sous contrôle de transfert de charge [211]. De plus, Cu_2O étant un semi-conducteur de type p, son dépôt devrait être auto-limitant. Enfin, Kelly et coll. [207] ont proposé un mécanisme de réduction assisté par transfert de h^+ pour expliquer le dépôt électrochimique de Cu_2O sur de l'oxyde d'étain dopé au fluor (FTO).

5.4.2 Caractérisation morphologique et structurale des dépôts

Les dépôts de Cu_2O sur les nano-tubes de TiO_2 ont été analysés par microscopie électronique à balayage en modes topographique et analyse chimique EDS ainsi que par diffraction de rayons X. La figure 5.3 montre la morphologie du dépôt de Cu_2O sur les nano-tubes de TiO_2 sous différentes conditions expérimentales. Les figures 5.3a et 5.3b correspondent à des dépôts électrochimiques effectués sous une tension continue appliquée $U = -0,8$ V, respectivement à un pH de 9 et de 11, pendant 300 s. La figure 5.3c montre un film de Cu_2O obtenu à pH=11, sous l'action d'une tension discontinue pulsée, variant entre la tension de circuit ouvert et $U = -0,8$ V. Les pulses durent 0,25 s avec un temps de relaxation entre chaque pulse de 0,75 s. Le nombre total de pulses est de 1500. A pH=9, en appliquant une tension continue, le dépôt de Cu_2O se présente sous la forme de particules sphériques, d'un diamètre moyen de 500 nm. En appliquant les mêmes conditions électrochimiques et se plaçant à pH=11, leur diamètre moyen diminue.

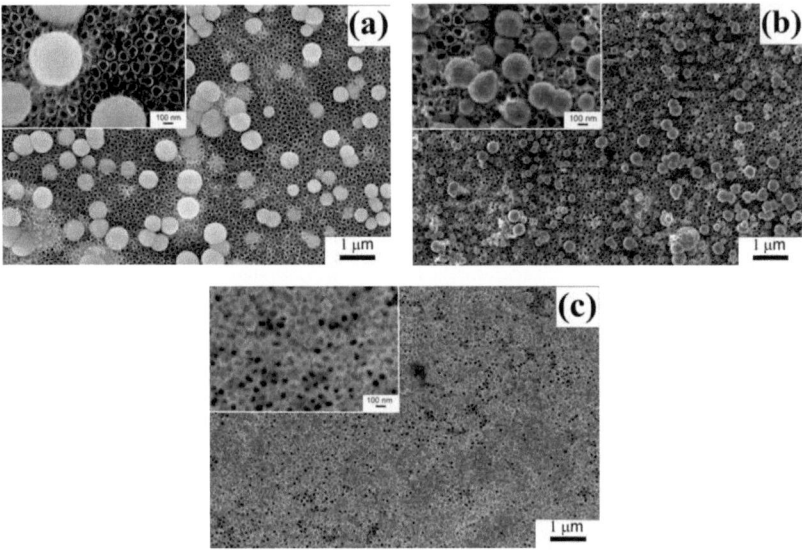

FIGURE 5.3: Images MEB réalisées sur des structures de Cu_2O déposées par voie électrochimique à différents pH recouvrant des nano-tubes de TiO_2. (a) Dépôt effectué à pH=9, en appliquant une tension continue de $-0,8$ V. (b) Dépôt effectué à pH $= 11$, en appliquant une tension continue de $-0,8$ V. (c) Dépôt effectué à pH=11, en appliquant 1500 pulses de tension de 0,25 s entre la tension de circuit ouvert et $-0,8$ V, espacés d'un temps de relaxation de 0,75 s.

Il est alors de 200 nm. A pH=9 et pH=11, la densité de particules est respectivement de $1 \cdot 10^8$ et $2,5 \cdot 10^8$ particules/cm^2. Par ailleurs, nous pouvons constater que lors de l'application d'une tension pulsée, à un pH de 11, le dépôt de Cu_2O ressemble alors à un film continu, rendant l'estimation du diamètre des particules plus difficile. Ces paramètres de dépôt semblent donc être optimaux pour obtenir un taux de recouvrement maximum de la surface active des nt-TiO_2. Cependant, il est difficile d'affirmer que le dépôt de Cu_2O tapisse entièrement l'intérieur des nano-tubes. En effet, lors de l'observation du dépôt par MEB en section transverse, les nano-tubes se sectionnent difficilement sur leur tranche, rendant l'observation de l'intérieur des tubes particulièrement délicate. Selon des études menées précédemment [203–205], il apparaît que les tubes de TiO_2 ne seraient pas complètement remplis. Il est aussi étonnant que l'utilisation d'une tension pulsée influence autant la morphologie des dépôts. En effet, comme nous l'avons précisé ci-dessus, la littérature indique que le dépôt de Cu_2O se fait sous contrôle de transfert de charges. Si c'est le cas, l'utilisation d'une tension pulsée ne devrait pas avoir d'influence puisque cette technique de dépôt joue sur la diffusion des espèces réactives lorsque la réaction est sous contrôle diffusionnel. La figure 5.4 montre que certaines particules de taille micrométrique, exhibant une géométrie polyhédrale facettée, sont observées lors du dépôt de Cu_2O. Ces crystallites semblent être constituées de cuivre métallique.

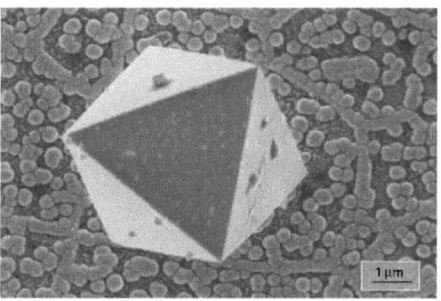

FIGURE 5.4: Image MEB d'une crystallite polyhédrale facettée de lors du dépôt de Cu_2O à pH=9.

Afin de confirmer la présence d'atomes de cuivre au sein du dépôt, une analyse chimique par EDS a été effectuée. Lors de l'observation par MEB des particules visibles sur la figure 5.3a, le faisceau d'électrons a été focalisé sur les particules les plus grosses. Le résultat de l'analyse EDS est tracé sur la figure 5.5; il montre clairement la présence de Cu dans le dépôt.

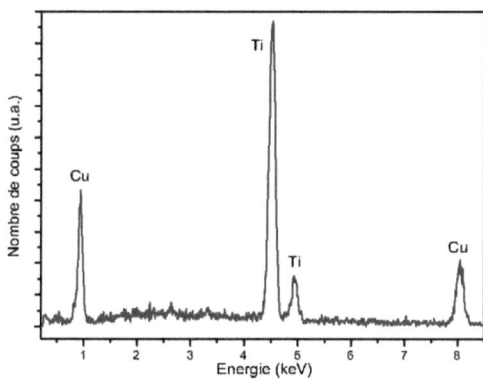

FIGURE 5.5: EDS réalisée sur des structures de Cu_2O déposées par voie électrochimique à différents pH recouvrant des nano-tubes de TiO_2.

Comme nous pouvions l'attendre, des pics d'intensité correspondant au Ti sont également observables car la longueur de pénétration du faisceau d'électrons incident est plus grande que l'épaisseur du dépôt de Cu_2O lui-même. Cependant, cette méthode d'analyse chimique locale ne permet de conclure sur l'état d'oxydation du matériau et donc la présence d'oxyde de cuivre sous la forme Cu_2O. Seul le pic d'intensité correspondant à l'oxygène pourrait aider à identifier l'état d'oxydation du Cu, mais les pics du cuivre et du titane étant très intenses, celui de l'oxygène est alors indétectable. Afin de confirmer la présence de Cu_2O sur les nano-tubes de TiO_2 et de déterminer sa structure cristalline, les échantillons ont été analysés par DRX. La figure 5.6 montre les diffractogrammes obtenus pour les dépôts effectués respectivement à pH=9 et à pH=11. Dans les deux cas, les diffractogrammes montrent à la fois des pics d'intensité provenant du substrat de Ti mais également des crystallites de Cu_2O (notés T et C respectivement sur la figure 5.6). A pH=11, il a été observé qu'en faisant varier l'angle entre l'échantillon et le faisceau incident de rayons X, le signal provenant du Cu_2O varie considérablement avec une augmentation de l'intensité pour les plans cristallographiques (111). Ceci semble indiquer que les grains de Cu_2O sont orientés préférentiellement dans la direction [111] de façon pratiquemment perpendiculaire au substrat. Des analyses plus poussées permettraient de le confirmer.

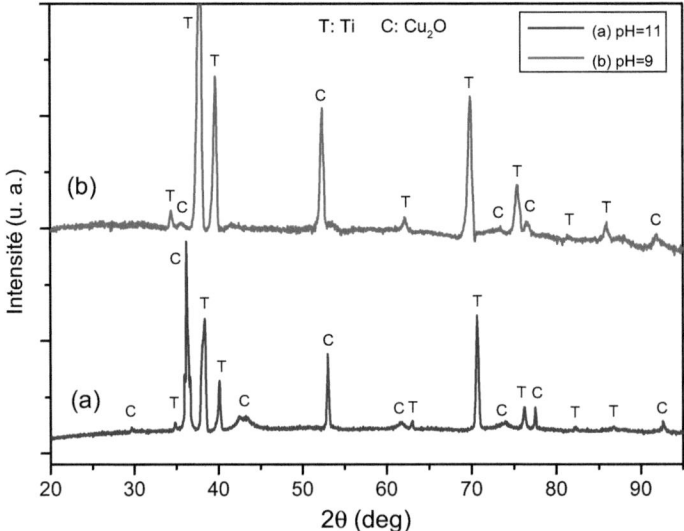

FIGURE 5.6: XRD réalisée sur des structures de Cu_2O déposées par voie électrochimique à différents pH recouvrant des nano-tubes de TiO_2.

Il est à noter qu'aucune différence majeure n'a été observée entre les films de Cu_2O crus sous tension continue ou sous tension pulsée. A pH=9, la distribution de taille des grains est relativement homogène et sont moins nombreux qu'à pH=11. Ce qui est en accord avec les observations réalisées sur les micrographes MEB. Ainsi, le taux de recouvrement des nt-TiO_2 par le Cu_2O semble plus important à pH=11, avec une homogénéité plus grande en termes de taille de particules. Enfin, l'effet de la température de l'électrolyte (50°C) participe non seulement à la stabilisation de celui-ci, mais également à la diminution de la taille des particules de Cu_2O.

5.5 Conclusion

Après avoir fabriqué des nano-tubes de TiO_2 en solution aqueuse, des crystallites de Cu_2O ont été déposées par voie électrochimique afin de former une jonction p/n pouvant être utilisée pour la conversion de l'énergie solaire. Les résultats ont montré une meilleure homogénéité des dépôts en travaillant à pH=11, sous une tension pulsée. Cependant, le dépôt de Cu_2O pourrait être amélioré en jouant sur la cristallinité des nano-tubes de TiO_2 ou bien en leur appliquant un traitement préalable permettant de les doper [208], afin que le remplissage des tubes soit maximal. L'étape suivante de ce travail sera d'effectuer les mesures photo-électriques permettant de caractériser le potentiel de dissociation des charges d'une telle jonction p/n Cu_2O/nt-TiO_2.

Conclusion

Comme il l'a été mis en évidence tout au long de ce manuscrit, l'énergie occupe dans la société actuelle une place centrale. Le besoin croissant de sources énergétiques pour alimenter les moyens de transport et les dispositifs électroniques toujours plus nombreux nécessite de mieux maîtriser cette ressource et de rechercher de nouveaux matériaux permettant de la convertir et de la stocker. Ce travail a permis de mettre en lumière des pistes de fabrication de certains systèmes alternatifs aux sources fossiles d'énergie, susceptibles de produire et de stocker une énergie mieux maîtrisée.

Nano-structuration électrochimique de matériaux fonctionnels

La croissance de nano-structures à l'instar des membranes d'alumine poreuse et des nano-tubes de dioxyde de titane, permet de démultiplier la surface active (plusieurs m^2) d'un objet de taille nanométrique. Par une approche relativement simple, l'électrochimie permet ainsi de faire croître des matériaux poreux auto-organisés, à fort rapport d'aspect. Nous avons pu voir qu'en ajustant certains paramètres expérimentaux tels que la concentration en espèces chimiques réactives, la tension de polarisation, la température ou encore le pH, la morphologie et la taille des structures ainsi élaborées pouvaient être différentes. Les membranes d'alumine présentent une organisation à grande échelle et une géométrie qui peut être modulée à la demande. Les nano-tubes de TiO_2, en plus de présenter une grande surface spécifique fonctionnalisable, sont dotés de propriétés physico-chimiques intrinsèques qui en font de bon candidats, à la fois pour être utilisés en tant que supports 3D, mais également pour exploiter leurs propriétés, tel que leur caractère semi-conducteur.

ALD comme outils de fonctionnalisation pour l'énergie

La technique de dépôt par couche atomique est particulièrement efficace pour permettre la croissance de matériaux fonctionnels dont la morphologie est parfois complexe, mais elle peut également être utilisée pour la fonctionnalisation de supports structurés pré-existants. La gamme de précurseurs chimiques utilisables en ALD est relativement large et se développe encore aujourd'hui. Leur nature différente permet d'adapter les procédés de croissance selon le matériau déposé et l'application visée. La faible quantité de produits chimiques utilisée, la possibilité de contrôler la croissance d'un matériau, couche atomique par couche atomique, ou encore la qualité des dépôts obtenus en font un procédé incontournable pour l'avenir. Cependant, certains inconvénients peuvent toutefois susciter des interrogations. On peut citer la faible vitesse de croissance des films ou encore le coût à l'achat relativement important de certains précurseurs.

Applications au domaine de la conversion d'énergie : nano-condensateurs, piles à combustible, hétérojonctions

Les possibilités d'utilisation de la technique ALD pour rendre fonctionnels des nano-structures et permettre la conversion et le stockage d'énergie semblent alors très diverses. Comme nous l'avons décrit dans ce travail, l'un des domaines d'application en pleine expansion à l'heure actuelle est bien sûr la microélectronique et la nécessité de concevoir des dispositifs intelligents permettant le stockage de données, ou encore de l'énergie. Dans ce contexte, l'élaboration de systèmes métal/isolant/métal en empilant des couches conductrices et isolantes pour former des condensateurs est particulièrement prometteuse. Ces dispositifs, s'ils sont, de plus, réduits et structurés à l'échelle nanométrique, présentent des perspectives de stockage élevées. Le choix dans les matériaux utilisés, notamment pour le diélectrique à forte permittivité, est un paramètre clé.

Dans ce travail, nous avons opté pour l'utilisation du nitrure de titane en tant que matériau conducteur et pour le dioxyde d'hafnium en tant que couche séparatrice isolante. Dans chacun des cas, nous avons comparé les propriétés structurales et morphologiques des films résultants, en fonction de différents paramètres expérimentaux de dépôt. Parmi les paramètres qui ont été variés, se trouvent notamment la température de dépôt, les conditions d'injection des précurseurs ALD ou encore le mode d'activation des espèces chimiques (thermique, assisté par plasma). Des mesures préliminaires des propriétés électriques des films de TiN et de HfO_2 ont été effectuées et montrent d'assez bonne propriétés des couches élaborées. L'objectif de formation de structures MIM tridimensionnelles a finalement été atteint. Une étude préliminaire du dépôt d'alumine par ALD a également été proposée et a permis la familiarisation avec cette technique tout à fait nouvelle dans le groupe de recherche.

Un autre champ d'application de l'ALD pour la fonctionnalisation de substrats et son utilisation en catalyse. Alors que l'ALD est une technique connue pour la fabrication de films minces bidimensionnels homogènes et conformes, dans cette partie, nous avons montré qu'il était possible de synthétiser des nano-particules de Pd sur des substrats nano-structurés. Ainsi par exemple, lorsque l'on considère la différence d'énergie de surface du matériau déposé et celle du matériau constitutif du substrat, nous aurons tendance à former parfois des films continus et conformes ou dans d'autres cas, privilégier la formation d'agrégats ou de particules discrets, à la surface du support. Nous avons pu montrer la haute qualité des particules élaborées et leur utilisation pour le matériel d'anode dans les piles à combustible liquide à combustion directe. Les structures Pd/Ni ont été utilisées pour des piles à combustible à combustion directe d'acide formique, tandis que des systèmes Pd/nt-TiO_2 ont été étudiés pour l'électro-oxydation de l'éthanol. Dans les deux cas, nous avons pu montrer une forte activité électro-catalytique des systèmes élaborés.

Enfin, une dernière partie de ce travail a été consacrée à la réalisation de jonctions p/n particulièrement intéressantes pour des applications dans le domaine du photovoltaïque. Ainsi, un dépôt électrochimique de Cu_2O, semi-conducteur de type p, à la surface de nano-tubes de TiO_2, semi-conducteur de type n, a été réalisé afin de constituer une jonction p/n. Notre étude a montré qu'en faisant varier les paramètres d'anodisation et particulièrement le pH de l'électrolyte et les conditions d'application du potentiel d'anodisation (tension continue ou bien tension pulsée), la morphologie du film de Cu_2O se trouve modifiée notamment en termes de taille de crystallites. La grande surface active disponible des nano-tubes de TiO_2 combinée au Cu_2O en tant que matériau semi-conducteur présentent donc de bonnes perspectives pour la fabrication d'hétérojonctions.

Perspectives

Ce travail thèse s'est inscrit dans la mise en place d'un nouveau projet innovant consistant à développer des matériaux avancés pour l'énergie. Cette étude a permis d'initier la fabrication de systèmes trouvant des applications dans des domaines assez variés mettant en jeu les problèmes de conversion de l'énergie. Les suites à donner à ce travail sont multiples. Tout d'abord, l'étude sur le dioxyde d'hafnium, notamment sur les interfaces au niveau des multicouches TiN/HfO_2 doit être poursuivie. Des recuits postérieurs au dépôt peuvent être envisagés afin de rendre très lisses et de limiter la rugosité interfaciale des couches. L'élaboration de multi-couches TiN/SiO_2/HfO_2/SiO_2/TiN serait une possibilité afin d'améliorer les interfaces et de combiner les propriétés diélectriques du HfO_2 avec les propriétés de barrière de diffusion et d'uniformité du SiO_2. L'utilisation d'autres diélectriques déposés par ALD, comme ZrO_2, est également intéressante. Par ailleurs, les caractérisations électriques du dispositif MIM final sont requises. En ce qui concerne les électrodes conductrices, le dépôt direct de métaux comme Cu ou Ni à partir d'amidinates, est à envisager. En ce qui concerne le travail initié sur les propriétés catalytiques des particules fabriquées par ALD, l'une des perspectives de cette étude pourrait être la considération des propriétés photo-catalytiques des nano-tubes de TiO_2, combinées aux propriétés électro-catalytiques des particules de Pd. Un dispositif de caractérisation photo-électrochimique est alors requis. Il est en cours d'installation au laboratoire. La combinaison du palladium avec des oxydes actifs comme SnO_2 semble aussi intéressante. L'objectif ambitieux pour le futur sera d'assembler l'anode ainsi élaborée dans une cellule de pile à combustible complète. Enfin, ce travail a permis la fabrication de jonctions p/n Cu_2O/TiO_2 qui doivent être désormais testées sous illumination afin de caractériser les performances de photo-conversion et leur utilisation comme cellules photovoltaïques ou photo-catalytiques.

Annexe A

Microscopic électronique à balayage

Le microscope électronique à balayage a été imaginé pour la première fois en Allemagne, dans les années 1930, par Knoll et Von Ardenne et développé par Zworykin, Hillier et Snyder dans les laboratoires RCA aux Etats-Unis (1940).

Le principe du balayage consiste à explorer la surface de l'échantillon par lignes successives et à transmettre le signal du détecteur à un écran cathodique (ou une caméra CCD) dont le balayage est exactement synchronisé avec celui du faisceau incident. Les microscopes à balayage utilisent un faisceau très fin d'électrons qui balaie point par point la surface de l'échantillon. Ces électrons sont accélérés dans une colonne sous vide et focalisés par des lentilles magnétiques. Sous l'impact du faisceau d'électrons accélérés, des électrons rétrodiffusés et des électrons secondaires émis par l'échantillon sont recueillis sélectivement par des détecteurs qui transmettent un signal synchronisé avec le balayage de l'objet. En pénétrant dans l'échantillon, le faisceau d'électrons diffuse peu et constitue un volume d'interaction dont la forme dépend principalement de la tension d'accélération. Dans ce volume, les électrons et les rayonnements électromagnétiques produits sont utilisés pour former des images ou pour effectuer des analyses physico-chimiques (EDS). Pour être détectés, les particules et les rayonnements doivent pouvoir atteindre la surface de l'échantillon. La profondeur maximale de détection, donc la résolution spatiale, dépend de l'énergie des rayonnements. C'est ainsi que plusieurs types de particules sont émis à différentes énergies de manière à obtenir une image de la surface de l'échantillon (cf. figure A.1).

– Emission d'électrons secondaires :

Il s'agit d'un arrachement d'électrons par ionisation. Certains électrons incidents de faible énergie (<50 eV) sont éjectés de l'échantillon sous l'effet du bombardement. Comme seuls les électrons

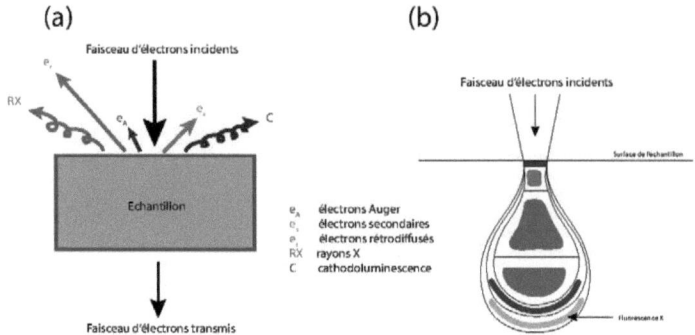

FIGURE A.1: (a) Emissions de l'échantillon sous l'effet du bombardement électronique incident. (b) Poire de diffusion.

secondaires produits près de la surface sont détectés, ils formeront des images avec une haute résolution latérale (3-5 nm). Le contraste de l'image est surtout donné par le relief de l'échantillon.

– Emission d'électrons rétrodiffusés :

Les électrons accélérés dans la colonne pénètrent dans l'échantillon. Un parcours plus ou moins important dans la matière leur fait perdre une fraction de leur énergie. La trajectoire suivie est aléatoire et ils peuvent revenir vers la surface. Ils sont alors détectés après leur sortie de l'échantillon. Du fait de leur plus grande énergie, les électrons rétrodiffusés peuvent provenir d'une profondeur plus importante et la résolution de l'image sera alors moins bonne que dans le cas des électrons secondaires (6-10 nm).

– Emission de rayons X :

Le faisceau d'électrons est suffisamment énergétique pour ioniser les couches profondes des atomes et produire ainsi l'émission de rayons X.

– Emission d'électrons Auger :

Ce sont des électrons dont la faible énergie est caractéristique de l'élément émetteur et du type de liaison chimique.

– Cathodoluminescence :

Lorsque des matériaux isolants ou semi-conducteurs sont bombardés par le faisceau d'électrons, des photons de grande longueur d'onde (ultraviolet, visible) sont émis. Le spectre obtenu dépend du matériau étudié.

Pour les échantillons constitués d'un matériau isolant ou peu conducteur, une métallisation (à l'aide d'une fine couche de métal ou de carbone) de la surface est souvent nécessaire afin d'éviter un effet d'accumulation de charges qui rendrait l'observation plus difficile. Les microscopes modernes permettent d'éviter de pratiquer ce type de traitement car la tension d'accélération des électrons incidents à considérablement diminuée (jusqu'à 200 V). Un schéma illustrant le principe de fonctionnement et les éléments constitutifs du MEB est présenté en figure A.2.

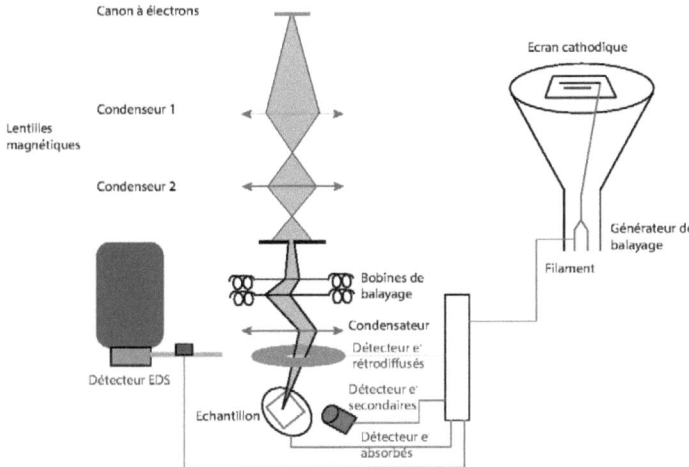

FIGURE A.2: Schéma de la colonne d'observation du microscope électronique à balayage.

Le microscope à balayage qui a utilisé est un JEOL JSM-6320F. Il permet de travailler en mode de détection des électrons secondaires et rétrodiffusés. Il est pourvu d'un dispositif EDS (Spectroscopie d'Energie Dissipée induite par rayons X). Ce module d'analyse chimique locale est un analyseur Brüker équipé d'un système d'acquisition Quantax muni d'un détecteur à diode Si-Li doté d'une résolution de 146 eV.

Annexe B

Microscopie électronique en transmission

B.1 Principe de fonctionnement et éléments du microscope

La microscopie électronique s'apparente à la microscopie optique par son mode de fonctionnement. Les rayons lumineux sont remplacés par un faisceau d'électrons que l'on focalise par des lentilles magnétiques. Le microscope électronique en transmission (MET) exige des échantillons transparents aux électrons : l'image de l'échantillon étant obtenue par projection du faisceau d'électrons, après avoir traversé le matériau. C'est ainsi que les échantillons à observer doivent être suffisamment mince pour laisser passer les électrons afin d'observer et d'imager la surface.

Le principe général est le suivant : lorsque l'onde associée à un électron arrive sur un atome de l'échantillon, ce dernier va diffuser l'onde dans toutes les directions avec des intensités d'autant plus importantes que la direction de diffusion sera proche de celle incidente. Un schéma illustrant le principe de fonctionnement et les éléments constitutifs du MET est présenté en figure B.1.

Le MET peut alors être utilisé selon deux modes : le mode image et le mode diffraction.

L'élément principal constituant le MET est la colonne optique électronique qui elle-même est composée de divers éléments qui vont permettre d'obtenir des images. A l'intérieur de la colonne, un vide poussé est effectué (10^{-5} Torr pouvant même aller jusqu'à 10^{-7} Torr) à l'aide d'une pompe à diffusion pour que les électrons n'interagissent pas avec l'air avant d'atteindre l'échantillon à observer.

Les différents éléments dont est constituée la colonne d'observation sont les suivants :

– *Le canon à électrons*

Situé au sommet de la colonne d'observation, il est constitué d'un filament (la cathode) d'hexaborure de lanthane (LaB$_6$) (remplacé parfois par un filament de tungstène) qui est chauffé à haute température (1500°C) de manière à ce que des électrons soient arrachés du métal. Ceux-ci sont ensuite focalisés à l'aide de l'électrode de Wehnelt qui est portée à un potentiel négatif ce qui permet de concentrer les électrons émis (à faible vitesse) de la cathode en un point appelé *cross-over* du canon. C'est le champ électrique produit entre l'anode et la cathode qui permet d'accélérer les électrons.

– *Les lentilles électroniques*

Une fois accélérés, les électrons traversent une série de lentilles magnétiques (lentilles condenseur) ce qui permet de les focaliser afin d'obtenir un faisceau. Ce type de lentille permet de réduire les aberrations par rapport à des lentilles optiques. Une lentille magnétique est constituée d'une bobine de spires circulaires en cuivre et de pièces polaires en acier. L'électron qui se propage près de l'axe de la lentille subit une action de convergence due au champ magnétique. Les lentilles magnétiques sont ainsi exclusivement convergentes et leur puissance (qui correspond à la distance focale en optique) peut varier en fonction du courant électrique qui passe dans la bobine. Les lentilles de projection permettent de focaliser les électrons après avoir traversé l'échantillon.

– *Les diaphragmes*

Plusieurs diaphragmes sont utilisés de manière à modifier le mode d'illumination de l'échantillon (diaphragme du condenseur), ou à régler le contraste (diaphragme de l'objectif). Enfin, le diaphragme de sélection d'aire permet de sélectionner la région de l'échantillon que l'on veut imager. Il est placé dans le plan image de l'objectif.

– *La caméra CCD*

La caméra CCD (*Charge Coupled Device*) pour des électrons est composée d'un scintillateur et est située sous un écran fluorescent. Celle-ci sert à acquérir des images numériques que nous pouvons ensuite traitées par des logiciels informatiques.

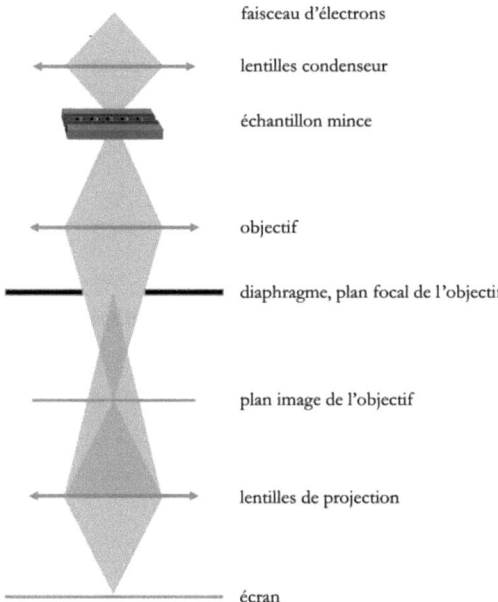

FIGURE B.1: Schéma de la colonne d'observation du microscope électronique en transmission.

B.2 Préparation des échantillons

Lorsque les échantillons se présentent sous forme de poudre ou de tubes, ceux-ci sont étalés sur une grille de cuivre recouverte d'un fin film de carbone. Cependant, lorsque l'échantillon est un film mince supporté sur un substrat de silicium par exemple, la préparation de l'échantillon est plus délicate et demande beaucoup de temps et plusieurs étapes lorsqu'il s'agit d'obtenir une section tranverse. La première étape consiste à découper à l'aide d'une scie à fil diamenté des briquettes de 2 mm par 3 mm d'un échantillon. Pour cela, l'échantillon (entier) est collé à l'aide de cire d'abeille sur un support métallique que nous chauffons (100°C) de manière à faire fondre la cire et à ce qu'il soit correctement maintenu. Le support est ensuite fixé à la scie dont nous réglons la mesure de coupe à l'aide d'une vis micrométrique. La scie à fil diamenté nous permet de découper un matériau à la fois fragile et dur. Un lubrifiant est également utilisé pour optimiser et faciliter la coupe.

L'étape suivante consiste à assembler, tête-bêche, six briquettes de 2 mm par 3 mm à l'aide d'une colle spéciale ultra-vide que nous maintenons ensemble par une pince. Le temps de séchage est d'environ 12 heures. L'étape de préparation est primordiale et doit faire l'objet d'une attention toute particulière car le résultat des observations au microscope en dépend. Meilleure est la préparation, et meilleures seront les images obtenues par microscopie électronique en transmission. Le nouvel échantillon ainsi formé est alors collé sur la tranche sur un support en verre de la même manière que pour la préparation. Puis, il est aminci par polissage mécanique à l'aide de disques abrasifs puis micro-abrasifs. Une fois l'échantillon aminci (50-60 μm d'épaisseur), une rondelle de cuivre est apposée à sa surface, puis il est placé sous bombardement ionique afin de le rendre transparent aux électrons. Lamincissement ionique est réalisé à l'aide d'un PIPS (*Precision Ion Polishing System*) qui consiste à bombarder la surface de l'échantillon à l'aide d'ions Ar^+ de manière à obtenir un petit trou au centre de l'échantillon, qui s'étend sur plusieurs interfaces actives de celui-ci. Le bord de l'échantillon au niveau du trou est alors extrêmement mince et transparent au éléctrons. C'est au niveau du bord du trou central que sont effectuées les observations au microscope. Le microscope électronique en transmission qui a été utilisé pour observer les échantillons et un Jeol 3010.

Annexe C

Diffraction de rayons X

C.1 Les rayons X

Les rayons X ont été découverts en 1895 par le physicien allemand Wilhelm Röntgen, qui a obtenu le Prix Nobel de Physique pour ses travaux. Il les nomma ainsi car ils étaient d'une nature inconnue jusqu'à lors. Les longueurs d'ondes utilisées pour la diffraction de rayons X sont comprises entre 0,1 et 100 Å ; c'est-à-dire correspondant à des énergies comprises entre 100 eV et 100 keV. La longueur d'onde choisie pour effectuer une diffraction est proche de la taille du réseau cristallin. Ce que l'on observe est le réseau réciproque ; pour visualiser le réseau direct, il faut effectuer une transformée de Fourier. Les rayons X sont surtout connus du grand public pour l'imagerie médicale : radiographies et scanner. Cependant, outre le fait qu'ils traversent facilement la matière, les rayons X ont d'autres propriétés intéressantes : ils interagissent de manière particulière avec celle-ci. Cela permet de faire de l'analyse chimique et morphologique de divers matériaux. La diffraction des rayons X permet de connaître l'organisation de la matière. Par exemple, dans notre cas, nous pouvons distinguer les différents éléments chimiques présents dans les échantillons, et identifier l'ordre des atomes, c'est à dire leur structure cristalline. Par ailleurs, la diffraction des rayons X sur la matière cristalline permet d'avoir accès à des informations physiques sur les cristaux, notamment leur taille et leur orientation.

C.2 Méthode et mesures

L'appareil sur lequel ont été réalisées les mesures est un diffractomètre INEL équipé d'un monochromateur à quartz et d'un détecteur courbe de 120° horizontal (CPS-120). Les mesures sont obtenues en mode réflexion, l'échantillon est positionné de façon verticale sur un goniomètre fixé sur une plaque tournante (rotation Ω). La longueur d'onde utilisée correspond l'émission Cu $K_{\alpha 1}$ (1,54056 Å). La méthode utilisée pour l'analyse des échantillons est la méthode de Debye et Scherrer. C'est la méthode la plus utilisée lorsque le matériau est réductible en une fine poudre. Dans le cas présent, les échantillons sont le plus souvent consitués de particules de petite taille ou de films minces. Afin d'identifier la structure cristalline en se basant sur la méthode des poudres, l'échantillon est placé de telle manière que le faisceaux de rayons X l'atteigne de manière rasante (faible angle d'incidence). L'hypothèse de base est que parmi tous les petits cristaux présents (en principe non orientés) il s'en trouvera suffisamment pour présenter des faces cristallines telles que des diffractions pourront se faire selon l'angle 2θ de Bragg.

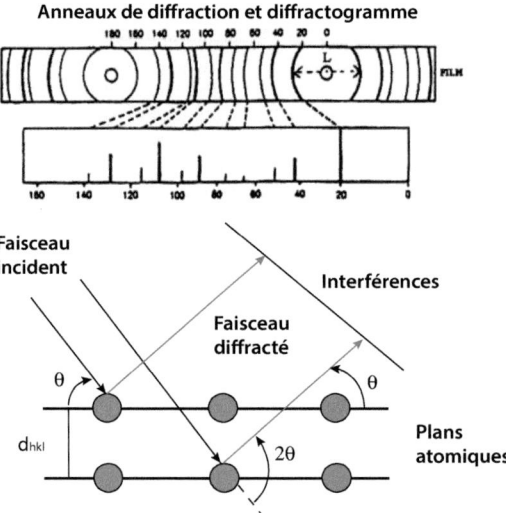

FIGURE C.1: Illustration de la diffraction de rayons X et du diffractogramme associé.

Nous obtiendrons ainsi un diffractogramme par l'intermédiaire d'un compteur de rayons X (Geiger-Muller) qui détectera les rayons diffractés et leurs différentes intensités. Avec une chambre circulaire de Debye-Scherrer, nous obtenons des anneaux concentriques dont chacun représente une distance réticulaire (distance inter-plans atomiques). Sur le diffractogramme, nous obtenons une succession de pics correspondant à des angles précis : chacun de ces pics correspond à une distance réticulaire, c'est-à-dire à la distance entre deux plans (hkl) du matériau polycristallin.

Grâce à la loi de Bragg, on peut alors connaître la distance entre les plans réticulaires. Elle est donnée par la relation suivante :

$$2 \cdot d_{hkl} \cdot \sin\theta = n \cdot \lambda \tag{C.1}$$

où n est un entier, λ est la longueur d'onde des rayons X, d_{hkl} la distance inter-réticulaire et θ l'angle entre le faisceau de rayons X et le plan réticulaire. Il y a diffraction suivant un angle 2θ, ce qui se traduit par par un pic sur un spectre de diffraction. L'indexation des pics d'intensité se fait grâce à des tables, données par les fiches JCPDS. L'avantage de la méthode est sa rapidité, mais celle-ci est parfois réduite par le taux de comptage limité à 50 000 impulsions par seconde pour l'enregistrement sur l'ensemble du domaine angulaire, à cause du temps mort important de l'électronique de mesure.

Annexe D

Spectroscopie de photoélectrons induits par rayons X

D.1   Principe général

La spectroscopie de photoélectrons X (XPS) permet de caractériser la composition chimique de la surface d'un matériau sur une profondeur variant de 1 à 10 nm. La plupart des éléments, à l'exception de l'hydrogène et de l'hélium, sont détectables par cette méthode. La nature des liaisons chimiques et les fractions atomiques sont obtenues par traitement mathématique des données, à l'aide de modèle s'approchant du spectre d'analyse obtenu. Il s'agit d'une technique d'analyse non destructive. Le principe de ce type d'analyse consiste à irradier l'échantillon à analyser avec un faisceau de rayons X et à détecter les électrons émis [214]. En spectroscopie de photoélectrons, on s'intéresse principalement aux électrons directement éjectés du cristal, sans interaction supplémentaire avec celui-ci. Ainsi, les transitions Auger (provenant des électrons du même nom), bien que détectées par cette méthode d'analyse, ne sont souvent pas prises en considération. Cette technique permet ainsi de détecter les électrons provenant des différentes couches électroniques de l'atome excité, correspondant à des énergies bien précises qui varient d'un élément chimique à l'autre. Les électrons détectés ont un libre parcours moyen limité dans la matière, ce qui fait de l'XPS un moyen de caractérisation chimique de surface malgré la grande pénétration des rayons X incidents. En fonction de l'énergie excitatrice, on peut observer des transitions électroniques des niveaux de cœur, mais aussi des électrons proches du niveau de

Fermi, qui nécessitent des énergies faibles. On peut alors utiliser des sources UV de plus faible énergie.

D.2 Processus d'excitation

Si le photon incident a un énergie suffisante pour amener l'électron d'un niveau de cœur vers le niveau du vide, l'électron pourra sortir de l'atome. Le bilan des énergies n'est pas tout à fait le même lorsqu'il s'agit d'un atome excité dans un gaz ou dan un solide (atome lié). La figure D.1 permet de visualiser le lien entre l'énergie du photon incident absorbé, l'énergie de liaison de l'électron dans l'atome et l'énergie cinétique acquise lors du processus d'absorption : Dans un gaz, on a :

$$E_{cin} = h\nu - E_{liaison} \tag{D.1}$$

Dans un solide, on a :

$$E_{cin} = h\nu - E_{liaison} - W_s \tag{D.2}$$

où W_s désigne le travail de sortie.

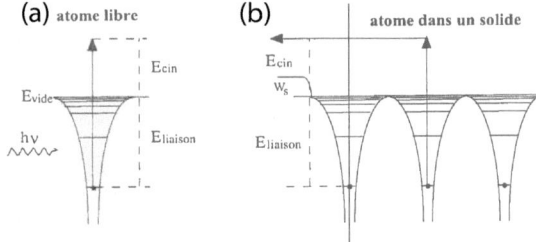

FIGURE D.1: Bilan énergétique lors de l'absorption d'un photon dans le cas de l'atome seul (a) et du solide (b). Le potentiel dû au noyau ainsi que les niveaux d'énergie des électrons sont schématisés [214].

L'excitation provoque l'apparition d'un trou de cœur, absence d'un électron sur un niveau d'énergie. Ce trou est comblé par réarrangement du nuage électronique et capture un électron venant de la masse. La durée du processus fixe la largeur de la raie d'émission. L'identification des pics obtenus est réalisée à partir de tables qui donnent les spectres XPS pour tous les éléments du tableau périodique et sont référencés par rapport aux niveaux de cœur dans la nomenclature habituelle (1, 2s, 2p, 3s, 3p, 3d,...). A partir de l'intensité des pics et de modèles mathématiques de déconvolution, il est alors possible de connaître la composition chimique d'un matériau. On pourra alors, par exemple, détecter la présence d'un éléments à la surface de l'échantillon et connaître son environnement chimique. An d'autres termes, on saura à quels autres éléments il est lié. On peut ainsi connaître l'état d'oxydation d'un métal. De plus, cette technique permet, dans certaines conditions, une analyse quantitative. Enfin, si on utilise un décapage ionique, il est possible de réaliser des profils de composition.

D.3 Instrumentation

La source de l'instrument d'analyses XPS consiste en un faisceau d'électrons de quelques keV qui percutent une anode dans un tube à rayons X. Ces électrons de grande énergie arrachent des électrons de cœur de l'anode et émet un rayonnement. Les cibles sont le plus souvent en Mg (celle que nous avons utilisée) ou bien en Al pour des photons d'énergie de 1253,6 eV et 1486,6 eV respectivement. Il existe également des sources à large bande spectrale du type synchrotron. De telles sources nécessitent des infrastructures spécifiques.

Annexe E

Schéma P&ID du réacteur ALD

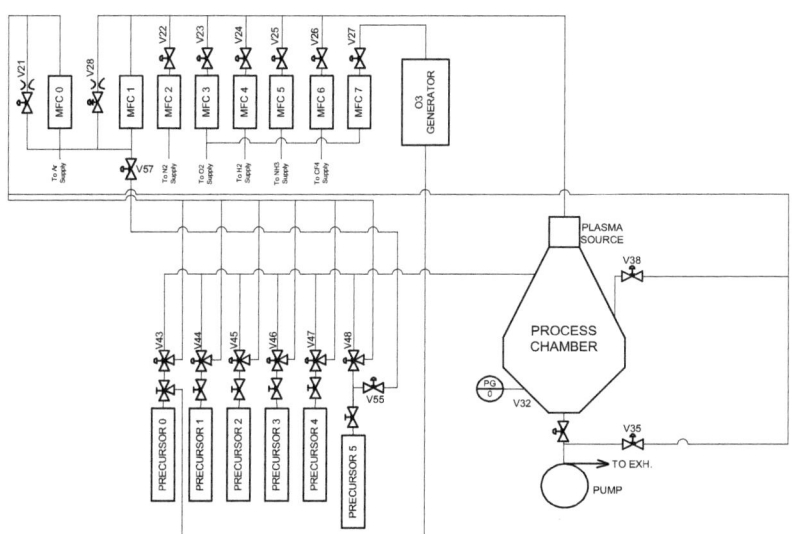

Bibliographie

[1] International Energy Agency. Energy Technology Perspectives 2012, Pathways to a Clean Energy System. *IEA report*, 2012.

[2] A. S. Aricò, P. Bruce, B. Scrosati, J.-M. Tarascon, and W. van Schalkwijk. Nanostructured materials for advanced energy conversion and storage devices. *Nat. Mater.*, 4 :366, 2005.

[3] R.R. Schaller. Moore's law : past, present and future. *IEEE Spectr.*, 34(6) :52, 1997.

[4] F. Roozeboom, A.L.A.M. Kemmeren, J.F.C. Verhoeven, F.C. van den Heuvel, J. Klootwijk, H. Kretschman, T. Fri, E.C.E. van Grunsven, S. Bardy, C. Bunel, D. Chevrie, F. LeCornec, S. Ledain, F. Murray, and P. Philippe. Passive and heterogeneous integration towards a Si-based System-in-Package concept. *Thin Solid Films*, 504(1-2) :391, 2006.

[5] H. Kim, H.-B.-R. Lee, and W.-J. Maeng. Applications of atomic layer deposition to nanofabrication and emerging nanodevices. *Thin Solid Films*, 517(8) :2563, 2009.

[6] R. Balachandran, B. H. Ong, H. Y. Wong, K. B. Tan, and M. Muhamad Rasat. Dielectric Characteristics of Barium Strontium Titanate Based Metal Insulator Metal Capacitor for Dynamic Random Access Memory Cell. *Int. J. Electrochem. Sci.*, 7(12) :11895, 2012.

[7] S. K. Kim, S. W. Lee, J. H. Han, B. Lee, S. Han, and C. S. Hwang. Capacitors with an Equivalent Oxide Thickness of < 0.5 nm for Nanoscale Electronic Semiconductor Memory. *Adv. Funct. Mater.*, 20(18) :2989, 2010.

[8] Z. Zhang, H. Wang, Y. Zhao, D. Lu, and Z. Zhang. Transmission properties of the one-end-sealed metal–insulator–metal waveguide. *Internat. J. Light Electron Optics*, 124(2) : 177, 2013.

[9] H. Hu, X. Zeng, L. Wang, Y. Xu, G. Song, and Q. Gan. Surface plasmon coupling efficiency from nanoslit apertures to metal-insulator-metal waveguides. *Appl. Phys. Lett.*, 101(12) : 121112, 2012.

[10] V. F. G. Tseng and H. Xie. Design and fabrication of a high-density multilayer metal–insulator–metal capacitor based on selective etching. *J. Micromech. Microeng.*, 23(3) : 035025, 2013.

[11] J. Robertson. High dielectric constant gate oxides for metal oxide Si transistors. *Rep. Prog. Phys.*, 69(2) :327, 2006.

[12] J.G. Simmons and G.W. Taylor. Generalized theory of conduction in schottky barriers. *Solid State Electron.*, 26(7) :705, 1983.

[13] P. C. Arnett and N. Klein. Poole - Frenkel conduction and the neutral trap. *J. Appl. Phys.*, 46(3) :1399, 1975.

[14] R. Ongaro and A. Pillonnet. Poole-Frenkel (PF) effect high field saturation. *Revue Phys. Appl.*, 24 :1085, 1989.

[15] IC Knowledge. Technology backgrounder : Atomic Layer Deposition. *IC Knowledge LLC*, 2004.

[16] R. L. Puurunen. Surface chemistry of atomic layer deposition : A case study for the trimethylaluminum/water process. *J. Appl. Phys.*, 97(12) :121301, 2005.

[17] C.A. Wilson, J.A. McCormick, A.S. Cavanagh, D.N. Goldstein, A.W. Weimer, and S.M. George. Tungsten atomic layer deposition on polymers. *Thin Solid Films*, 516(18) :6175, 2008.

[18] Mikko Ritala, Pia Kalsi, Diana Riihele, Kaupo Kukli, Markku Leskelä, and Janne Jokinen. Controlled Growth of TaN, Ta_3N_2, and TaO_xN_y Thin Films by Atomic Layer Deposition. *Chem. Mater.*, 11(7) :1712, 1999.

[19] D. Misra, J. Kasinath, and A. N. Chandorkar. Voltage and current stress induced variations in $TiN/HfSi_xO_y/TiN$ MIM capacitors. *Microelectron. Reliab.*, 53(2) :270, 2013.

[20] T. Hayashida, K. Endo, Y. Liu, T. Kamei, T. Matsukawa, S.-I. O'uchi, K. Sakamoto, J. Tsukada, Y. Ishikawa, H. Yamauchi, A. Ogura, and M. Masahara. Investigation of Thermal Stability of TiN Film Formed by Atomic Layer Deposition Using Tetrakis(dimethylamino)titanium Precursor for Metal-Gate Metal–Oxide–Semiconductor Field-Effect Transistor. *Jpn. J. Appl. Phys.*, 49(4) :04DA16, 2010.

[21] W. Weinreich, A. Shariq, K. Seidel, J. Sundqvist, A. Paskaleva, M. Lemberger, and A. J. Bauer. Detailed leakage current analysis of metal–insulator–metal capacitors with ZrO_2, $ZrO_2/SiO_2/ZrO_2$, and $ZrO_2/Al_2O_3/ZrO_2$ as dielectric and TiN electrodes. *J. Vac. Sci. Technol., B*, 31(1) :01A109, 2013.

[22] M.K. Hota, C. Mahata, M.K. Bera, S. Mallik, C.K. Sarkar, S. Varma, and C.K. Maiti. Preparation and characterization of $TaAlO_x$ high-κ dielectric for metal-insulator-metal capacitor applications. *Thin Solid Films*, 519(1) :423, 2010.

[23] S. Mondal, J.-L. Her, S.-J. Shih, and T.-M. Pan. Structural and Electrical Characterization of Lu_2O_3 Dielectric Layer for High Performance Analog Metal-Insulator-Metal Capacitors. *J. Electrochem. Soc.*, 159(6) :H589, 2012.

[24] H.-M. Kwon, I.-S. Han, S.-U. Park, J.-D. Bok, Y.-J. Jung, H.-S. Shin, C.-Y. Kang, B.-H. Lee, R. Jammy, G.-W. Lee, and H.-D. Lee. Conduction Mechanism and Reliability Characteristics of a Metal–Insulator–Metal Capacitor with Single ZrO_2 Layer. *Jpn. J. Appl. Phys.*, 50(4) :04DD02, 2011.

[25] J. Yota, H. Shen, and R. Ramanathan. Characterization of atomic layer deposition HfO_2, Al_2O_3, and plasma-enhanced chemical vapor deposition Si_3N_4 as metal–insulator–metal capacitor dielectric for GaAs HBT technology. *J. Vac. Sci. Technol., A*, 31(1) :01A134, 2013.

[26] H. Hang, C. Zhu, Y.F. Lu, M.-F Li, B. Jin Cho, and W. K. Choi. A high performance MIM capacitor using HfO_2 dielectrics. *IEEE Electron Device Lett.*, 23(9) :514–516, 2002.

[27] J. Robertson. Band offsets of wide-band-gap oxides and implications for future electronic devices. *International conference on silicon dielectric interfaces*, 18(3) :1785, 2000.

[28] J. Lim, J. Kim, Y. J. Yoon, H. Kim, H. G. Yoon, S.-N. Lee, and J. Kim. All-inkjet-printed Metal-Insulator-Metal (MIM) capacitor. *Curr. Appl Phys.*, 12, Supplement 1 :E14, 2012.

[29] X. Yu, C. Zhu, H. Hang, A. Chin, M.-F Li, B. Jin Cho, D.-L. Kwong, P. D. Foo, and M.-B. Yu. A high-density MIM capacitor (13 fF/μ^2) using ALD HfO_2 dielectrics. *IEEE Electron Device Lett.*, 24(2) :63, 2003.

[30] C. Y. Tsai, K.C. Chiang, S.H. Lin, K.C. Hsu, C.C. Chi, and A. Chin. Improved Capacitance Density and Reliability of High-κ Ni/ZrO_2/TiN MIM Capacitors Using Laser-Annealing Technique. *IEEE Electron Device Lett.*, 31(7) :749, 2010.

[31] P. Banerjee, I. Perez, L. Henn-Lecordier, S. B. Lee, and G.W. Rubloff. Nanotubular metal-insulator-metal capacitor arrays for energy storage. *Nat. Nanotechnol.*, 4(5) :1748, 2009.

[32] J.H. Klootwijk, K.B. Jinesh, and F. Roozeboom. MIM in 3D : Dream or reality ? (invited). *Microelectron. Eng.*, 88(7) :1507, 2011.

[33] A. Dicks J. Larminie. Fuel cell systems explained. *Wiley, ISBN : 0-470-84857-X*, 2003.

[34] B. G. Pollet, I. Staffell, and J. L. Shang. Current status of hybrid, battery and fuel cell electric vehicles : From electrochemistry to market prospects. *Electrochim. Acta*, 84 :235, 2012.

[35] M. Winter and R. J. Brodd. What Are Batteries, Fuel Cells, and Supercapacitors ? *Chem. Rev.*, 104(10) :4245, 2004.

[36] P. Costamagna and S. Srinivasan. Quantum jumps in the PEMFC science and technology from the 1960s to the year 2000 : Part II. Engineering, technology development and application aspects. *J. Power Sources*, 102(1-2) :253, 2001.

[37] E. Serrano, G. Rus, and J. Garcia-Martinez. Nanotechnology for Sustainable Energy. *Renewable Sustainable Energy Rev.*, 13(9) :2373, 2009.

[38] A. C. Dillon, K. M. Jones, T. A. Bekkedahl, C. H. Kiang, D. S. Bethune, and M. J. Heben. Storage of hydrogen in single-walled carbon nanotubes. *Nature*, 386(0) :377, 1997.

[39] C. Rice, S. Ha, R.I. Masel, P. Waszczuk, A. Wieckowski, and Tom Barnard. Direct formic acid fuel cells. *J. Power Sources*, 111(1) :83, 2002.

[40] B. Braunchweig, D. Hibbitts, M. Neurock, and A. Wieckowski. Electrocatalysis : A direct alcohol fuel cell and surface science perspective. *Catal. Today*, 202 :197, 2013.

[41] Q. Li, R. He, J. Oluf Jensen, and N. J. Bjerrum. Approaches and Recent Development of Polymer Electrolyte Membranes for Fuel Cells Operating above 100°C. *Chem. Mater.*, 15(26) :4896, 2003.

[42] D. N. Goldstein and S.M. George. Enhancing the nucleation of palladium atomic layer deposition on Al_2O_3 using trimethylaluminum to prevent surface poisoning by reaction products. *Appl. Phys. Lett.*, 95(14) :143106, 2009.

[43] Y. Pan, R. Zhang, and S. L. Blair. Anode poisoning study in direct formic acid fuel cells. *Electrochem. Solid-State Lett.*, 12(3) :B23, 2009.

[44] G. Vourliotakis, G. Skevis, and M.A. Fount. Combustion chemistry aspects of alternative fuels reforming for high-temperature fuel cell applications. *Int. J. Hydrogen Energy*, 37 (21) :16649, 2012.

[45] C. Bianchini and P. K. Shen. Palladium-Based Electrocatalysts for Alcohol Oxidation in Half Cells and in Direct Alcohol Fuel Cells. *Chem. Rev.*, 109(9) :4183, 2009.

[46] E. Antolini. Palladium in fuel cell catalysis. *Energy Environ. Sci.*, 2 :915, 2009.

[47] Y. Lei, B. Liu, J. Lu, R. J. Lobo-Lapidus, T. Wu, H. Feng, X. Xia, A. U. Mane, J. A. Libera, J. P. Greeley, J. T. Miller, and J. W. Elam. Synthesis of Pt-Pd Core-Shell Nanostructures by Atomic Layer Deposition : Application in Propane Oxidative Dehydrogenation to Propylene. *Chem. Mater.*, 24(18) :3525, 2012.

[48] Y.-Y. Yang, J. Ren, H.-X. Zhang, Z.-Y Zhou, S.-G Sun, and W.-B Cai. Infrared spectroelectrochemical study od dissociation and oxidation of methanol at a palladium electrode in alkaline solution. *Langmuir*, 29 :1709, 2013.

[49] H. Feng, J. W. Elam, J. A. Libera, W. Setthapun, and P. C. Stair. Palladium Catalysts Synthesized by Atomic Layer Deposition for Methanol Decomposition. *Chem. Mater.*, 22 (10) :3133, 2010.

[50] J. Lu, B. Liu, J. P. Greeley, Z. Feng, J. A. Libera, Y. Lei, M. J. Bedzyk, P. C. Stair, and J. W. Elam. Porous Alumina Protective Coatings on Palladium Nanoparticles by Self-Poisoned Atomic Layer Deposition. *Chem. Mater.*, 24(11) :2047, 2012.

[51] E. A. Baranova, N.Miles, P. H.J. Mercier, Y. Le Page, and B. Patarachao. Formic acid electro-oxidation on carbon supported Pd_xPt_{1-x} ($0\geq$ x$\geq$ 1) nanoparticles synthesized via modified polyol method. *Electrochim. Acta*, 55(27) :8182, 2010.

[52] A. Ciftci, D.A.J. M. Ligthart, P. Pastorino, and E. J.M. Hensen. Nanostructured ceria supported Pt and Au catalysts for the reactions of ethanol and formic acid. *Appl. Catal., B*, 130 - 131 :325, 2013.

[53] J. L. Cheng, H. Hngh, Y. Ngh, P. C. Soon, and Y. W. Lee. Deposition of nickel nanoparticles onto aluminum powders using a modified polyol process. *Mater. Res. Bull.*, 44 :95, 2009.

[54] Y.-S. Kim, J. S., J.-H. Cho, G. A. Ten Eyck, D.-L. Liu, S. Pimanpang, T.-M. Lu, J. J. Senkevich, and H.-S. Shin. Surface characterization of copper electroless deposition on

atomic layer deposited palladium on iridium and tungsten. *Surf. Coat. Technol.*, 200(20-21) :5760, 2006.

[55] E. A. Baranova, M. A. Padilla, T. Amir, K. Artyushkova, and P. Atanassov. Electrooxidation of ethanol on PtSn nanoparticles in alkaline solution : Correlation between structure and catalytic properties. *Electrochim. Acta*, 80 :377, 2012.

[56] S. T. Christensen, H. Feng, J. L. Libera, N. Guo, J. T. Miller, P. C. Stair, and J. Elam. Supported Ru-Pt Bimetallic Nanoparticle Catalysts Prepared by Atomic Layer Deposition. *Nano Lett.*, 10(8) :3047, 2010.

[57] S. Hu, L. Scudiero, and S. Ha. Electronic effect on oxidation of formic acid on supported Pd-Cu bimetallic surface. *Electrochim. Acta*, 83 :354, 2012.

[58] C. Xu, Y. Liu, J. Wang, H. Geng, and H. Qiu. Nanoporous PdCu alloy for formic acid electro-oxidation. *J. Power Sources*, 199 :124, 2012.

[59] N. Kruse and S. Chenakin. XPS characterization of Au/TiO_2 catalysts : Binding energy assessment and irradiation effects. *Appl. Catal., A*, 391 :367, 2011.

[60] A. N. Simonov, P. A. Simonov, and V. N. Parmon. Formic acid electrooxidation over carbon-supported nanoparticles of non-stoichiometric palladium carbide. *J. Power Sources*, 217 :291, 2012.

[61] A. Dutta and J. Datta. Outstanding Catalyst Performance of PdAuNi Nanoparticles for the Anodic Reaction in an Alkaline Direct Ethanol (with Anion-Exchange Membrane) Fuel Cell. *J. Phys. Chem. C*, 116(49) :25677, 2012.

[62] C. Xu, L. Cheng, P. Shen, and Y. Liu. Methanol and ethanol electrooxidation on Pt and Pd supported on carbon microspheres in alkaline media. *Electrochem. Commun.*, 9(5) : 997, 2007.

[63] S. Takenaka and M. Kishida. Functionalization of Carbon Nanotube-Supported Precious Metal Catalysts by Coverage with Metal Oxide Layers. *Catal. Surv. Asia*, 17(2) :71, 2013.

[64] N. K. Allam and C. A. Grimes. Effect of cathode material on the morphology and photoelectrochemical properties of vertically oriented TiO_2 nanotube arrays. *Sol. Energy Mater. Sol. Cells*, 92(11) :1468, 2008.

[65] Z.X. Liang, T.S. Zhao, J.B. Xu, and L.D. Zhu. Mechanism study of the ethanol oxidation reaction on palladium in alkaline media. *Electrochim. Acta*, 54(8) :2203, 2009.

[66] P. K. Shen and C. Xu. Alcohol oxidation on nanocrystalline oxide Pd/C promoted electrocatalysts. *Electrochem. Commun.*, 8(1) :184, 2006.

[67] J. Liu, J. Ye, C.i Xu, S. P. Jiang, and Y. Tong. Kinetics of ethanol electrooxidation at Pd electrodeposited on Ti. *Electrochem. Commun.*, 9(9) :2334, 2007.

[68] S.M. Baik, J. Han, J. Kim, and Y. Kwon. Effect of deactivation and reactivation of palladium anode catalyst on performance of direct formic acid fuel cell (DFAFC). *Int. J. Hydrogen Energy*, 36(22) :14719, 2011.

[69] P. Waszczuk, T. M. Barnard, C. Rice, R. I Masel, and A. Wieckowski. A nanoparticle catalyst with superior activity for electrooxidation of formic acid. *Electrochem. Commun.*, 4(7) :599, 2002.

[70] C. Rice, S. Ha, R.I. Masel, and A. Wieckowski. Catalysts for direct formic acid fuel cells . *J. Power Sources*, 115(2) :229, 2003.

[71] X. Yu and P. G. Pickup. Recent advances in direct formic acid fuel cells (DFAFC). *J. Power Sources*, 182(1) :124, 2008.

[72] J. Choi, S.Y. Noh, S.D. Han, S.K. Yoon, C.-S. Lee, T.-S. Hwang, and Y.W. Rhee. Formic acid oxidation by carbon-supported palladium catalysts in direct formic acid fuel cell. *Korean J. Chem. Eng.*, 25(5) :1026, 2008.

[73] X. Li. Metal assisted chemical etching for high aspect ratio nanostructures : A review of characteristics and applications in photovoltaics. *Curr. Opin. Solid State Mater. Sci.*, 16 : 71, 2012.

[74] M. Wright and A. Uddin. Organic-inorganic hybrid solar cells : A comparative review. *Sol. Energy Mater. Sol. Cells*, 107 :87, 2012.

[75] S. E. Gledhill, B. Scott, and B. A. Gregg. Organic and nano-structured composite photovoltaics : An overview. *J. Mater. Res.*, 20 :3167, 2005.

[76] V. Mlinar. Engineered nanomaterials for solar energy conversion. *Nanotechnol.*, 241 : 042001, 2013.

[77] Z. Xiaoping, L. Zhang, W. Jihuai, L. Jianming, and F. Leqing. Enhancing photovoltaic performance of photoelectrochemical solar cells with nano-sized ultra thin Sb2S3-sensitized layers in photoactive electrodes. *J. Mater. Sc.*, 24(6) :1970, 2013.

[78] B. Oregan and M. Gratzel. A low-cost, high-efficiency solar-cell based on dye-sensitized colloidal TiO_2 Films. *Nature*, 353(6346) :737, 1991.

[79] B. C. Thompson and J. M. J. Frechet. Organic photovoltaics - Polymer-fullerene composite solar cells. *International conference on silicon dielectric interfaces*, 47(1) :58, 2008.

[80] Y. Li, W. Kim, Y. Zhang, M. Rolandi, D. Wang, and H. Dai. Growth of Single-Walled Carbon Nanotubes from Discrete Catalytic Nanoparticles of Various Sizes. *J. Phys. Chem. B*, 105(46) :11424, 2001.

[81] G. Che, B. B. Lakshmi, E. R. Fisher, and C. R. Martin. Carbon nanotubule membranes for electrochemical energy storage and production. *Nature*, 393 :346, 1998.

[82] B. B. Lakshmi, P. K. Dorhout, and C. R. Martin. Sol-Gel Template Synthesis of Semiconductor Nanostructures. *Chem. Mater.*, 9(3) :857, 1997.

[83] M. S. Sander, R. Gronsky, T. Sands, and A. M. Stacy. Structure of Bismuth Telluride Nanowire Arrays Fabricated by Electrodeposition into Porous Anodic Alumina Templates. *Chem. Mater.*, 15(1) :335, 2003.

[84] Li L., Zhang Y., Li G., and Zhang L. A route to fabricate single crystalline bismuth nanowire arrays with different diameters. *Chem. Phys. Lett.*, 378(3) :244–249, 2003.

[85] F. Keller, M. S. Hunter, and D. L. Robinson. Structural Features of Oxide Coatings on Aluminum. *J. Electrochem. Soc.*, 100 :411, 1953.

[86] H. Masuda and K. Fukuda. Ordered Metal Nanohole Arrays Made by a Two-Step Replication of Honeycomb Structures of Anodic Alumina. *Science*, 268(5216) :1466–, 1995.

[87] W. Lee, R. Ji, U. Gosele, and K. Nielsch. Fast fabrication of long-range ordered porous alumina membranes by hard anodization. *Nat. Mater.*, 5 :741, 2006.

[88] H. Masuda, H. Yamada, M. Satoh, H. Asoh, M. Nakao, and T. Tamamura. Highly ordered nanochannel-array architecture in anodic alumina. *Appl. Phys. Lett.*, 71(19) :2770, 1997.

[89] W. Lee, R. Ji, C.A. Ross, and K. Gosele, U.and Nielsch. Wafer-Scale Ni Imprint Stamps for Porous Alumina Membranes Based on Interference Lithography. *Small*, 2(8-9) :978, 2006.

[90] E. Moyen, L. Santinacci, L. Masson, W. Wulfhekel, and M. Hanbücken. A Novel Self-Ordered Sub-10 nm Nanopore Template for Nanotechnology. *Adv. Mater.*, 24(37) :5094, 2012.

[91] E. Moyen, W. Wulfhekel, W. Lee, A. Leycuras, K. Nielsch, U. Gösele, and M. Hanbücken. Etching nano-holes in silicon carbide using catalytic platinum nano-particles. *Appl. Phys. A*, 84(4) :369, 2006.

[92] E. Moyen, M. Mace, G. Agnus, A. Fleurence, T. Maroutian, F. Houze, A. Stupakiewicz, L. Masson, B. Bartenlian, W. Wulfhekel, P. Beauvillain, and M. Hanbücken. Metal-rich Au-silicide nanoparticles for use in nanotechnology. *Appl. Phys. Lett.*, 94(23) :233101, 2009.

[93] A. Fujishima and K. Honda. Electrochemical Photolysis of Water at a Semiconductor Electrode. *Nature*, 238 :37, 1972.

[94] K.-C. Popat, M. Eltgroth, T.-J. LaTempa, C.-A. Grimes, and T.-A. Desai. Titania Nanotubes : A Novel Platform for Drug-Eluting Coatings for Medical Implants? *Small*, 3(11) : 1878, 2007.

[95] G. K. Mor, K. Shankar, M. Paulose, O. K. Varghese, and C. A. Grimes. Use of Highly-Ordered TiO_2 Nanotube Arrays in Dye-Sensitized Solar Cells. *Nano Lett.*, 6(2) :215, 2006.

[96] J. Park, S. Bauer, K. von der Mark, and P. Schmuki. Nanosize and Vitality : TiO_2 Nanotube Diameter Directs Cell Fate. *Nano Lett.*, 7(6) :1686, 2007.

[97] Y.K. Lai, L. Sun, C. Chen, C.G. Nie, J. Zuo, and C.J. Lin. Optical and electrical characterization of TiO_2 nanotube arrays on titanium substrate. *Appl. Surf. Sci.*, 252(4) :1101, 2005.

[98] B. O'Regan and M. Gratzel. A low-cost, high-efficiency solar cell based on dye-sensitized colloidal TiO_2 films. *Nature*, 353 :737, 1991.

[99] D. Wang, B. Yu, F. Zhou, C. Wang, and W. Liu. Synthesis and characterization of anatase TiO_2 nanotubes and their use in dye-sensitized solar cells. *Mater. Chem. Phys.*, 113(2-3) : 602, 2009.

[100] K. Zhu, N. R. Neale, A. Miedaner, and A. J. Frank. Enhanced Charge-Collection Efficiencies and Light Scattering in Dye-Sensitized Solar Cells Using Oriented TiO_2 Nanotubes Arrays. *Nano Lett.*, 7(1) :69, 2007.

[101] N. A. Kyeremateng, F. Dumur, P. Knauth, and T. Djenizian. Direct Electropolymerization of Copolymer Electrolyte into 3D Nano-Architectured Electrodes for High-Performance Hybrid Li-ion Macrobatteries. *ECS Trans.*, 33(16) :77, 2011.

[102] N. Plylahan, N. A. Kyeremateng, M. Eyraud, F. Dumur, H. Martinez, L. Santinacci, P. Knauth, and T. Djenizian. Highly conformal electrodeposition of copolymer electrolytes into titania nanotubes for 3D Li-ion batteries. *Nanoscale Res. Lett.*, 7(1) :349, 2012.

[103] L. Kavan, M. Kalbac, M.and Zukalova, I. Exnar, V. Lorenzen, R. Nesper, and M. Graetzel. Lithium Storage in Nanostructured TiO_2 Made by Hydrothermal Growth. *Chem. Mater.*, 16(3) :477, 2004.

[104] G. F. Ortiz, I. Hanzu, T. Djenizian, P. Lavela, J. L. Tirado, and P. Knauth. Alternative Li-Ion Battery Electrode Based on Self-Organized Titania Nanotubes. *Chem. Mater.*, 21(1) :63, 2009.

[105] S. P. Albu, A. Ghicov, J. M. Macak, R. Hahn, and P. Schmuki. Self-Organized, Free-Standing TiO_2 Nanotube Membrane for Flow-through Photocatalytic Applications. *Nano Lett.*, 7(5) :1286, 2007.

[106] S. P. Albu and P. Schmuki. Highly defined and ordered top-openings in TiO_2 nanotube arrays. *Phys. Status Solidi RRL*, 4(7) :151, 2010.

[107] I. Paramasivam, J.M. Macak, and P. Schmuki. Photocatalytic activity of TiO_2 nanotube layers loaded with Ag and Au nanoparticles. *Electrochem. Commun.*, 10(1) :71, 2008.

[108] M. Kalbacova, J. M. Macak, F. Schmidt-Stein, C. T. Mierke, and P. Schmuki. TiO_2 nanotubes : photocatalyst for cancer cell killing. *Phys. Status Solidi RRL*, 2(4) :194, 2008.

[109] J.M. Macak, H. Tsuchiya, A. Ghicov, K. Yasuda, R. Hahn, S. Bauer, and P. Schmuki. TiO_2 nanotubes : Self-organized electrochemical formation, properties and applications. *Curr. Opin. Solid State Mater. Sci.*, 11(1-2) :3, 2007.

[110] F. M.B. Hassan, H. N., S. Venkatachalam, M. Kanakubo, and T. Ebina. Effect of the solvent on growth of titania nanotubes prepared by anodization of Ti in HCl. *Electrochim. Acta*, 55(9) :3130, 2010.

[111] J. M. Macak, H Tsuchiya, L Taveira, S Aldabergerova, and P Schmuki. Smooth anodic TiO$_2$ nanotubes. *Angew. Chem. Int. Ed.*, 44(45) :7463, 2005.

[112] G. K Mor, O. K. Varghese, M. Paulose, K. Shankar, and C. A. Grimes. A review on highly ordered, vertically oriented TiO$_2$ nanotube arrays : Fabrication, material properties, and solar energy applications. *Sol. Energy Mater. Sol. Cells*, 90 :2011, 2006.

[113] J. Tao, J. Zhao, C. Tang, Y. Kang, and Y. Li. Mechanism study of self-organized TiO$_2$ nanotube arrays by anodization. *New J. Chem.*, 32 :2164, 2008.

[114] X. Chen and S.S. Mao. Titanium Dioxide Nanomaterials : Synthesis, Properties, Modifications, and Applications. *Chem. Rev.*, 107 :2891, 2007.

[115] S. P. Albu, A. Ghicov, J. M. Macak, and P. Schmuki. 250 µm long anodic TiO$_2$ nanotubes with hexagonal self-ordering. *Phys. Status Solidi RRL*, 1(2) :R65, 2007.

[116] Maggie Paulose, Karthik Shankar, Sorachon Yoriya, Haripriya E. Prakasam, Oomman K. Varghese, G. K. Mor, T. A. Latempa, A. Fitzgerald, and C. A. Grimes. Anodic Growth of Highly Ordered TiO$_2$ Nanotube Arrays to 134 µm in Length. *J. Phys. Chem. B*, 110(33) :16179, 2006.

[117] G. Li, Z.-Q. Liu, J. Lu, L. Wang, and Z. Zhang. Effect of calcination temperature on the morphology and surface properties of TiO$_2$ nanotube arrays. *Appl. Surf. Sci.*, 255(16) : 7323, 2009.

[118] O. K. Varghese, D. Gong, M. Paulose, C. A. Grimes, and E. C. Dickey. Crystallization and high-temperature structural stability of titanium oxide nanotube arrays. *J. Mater. Res.*, 18 :156, 2003.

[119] Y. Xia, P. Yang, Y. Sun, Y. Wu, B. Mayers, B. Gates, Y. Yin, F. Kim, and H. Yan. One-dimensional Nanostructures : Synthesis, Characterization, and Applications. *Adv. Mater.*, 15(5) :353, 2003.

[120] C. Marichy, M. Bechelany, and N. Pinna. Atomic Layer Deposition of Nanostructured Materials for Energy and Environmental Applications. *Adv. Mater.*, 24(8) :1017, 2012.

[121] C. Detavernier, J. Dendooven, S. Pulinthanathu Sree, K. F. Ludwig, and J. A. Martens. Tailoring nanoporous materials by atomic layer deposition. *Chem. Soc. Rev.*, 40 :5242, 2011.

[122] C. Liu, F. Li, L.-P. Ma, and H.-M. Cheng. Advanced Materials for Energy Storage. *Adv. Mater.*, 22(8) :E28, 2010.

[123] K. Pitzschel, J. M. M. Moreno, J. Escrig, O. Albrecht, K. Nielsch, and J. Bachmann. Controlled Introduction of Diameter Modulations in Arrayed Magnetic Iron Oxide Nanotubes. *ACS Nano*, 3(11) :3463, 2009.

[124] S. M. George. Atomic Layer Deposition : An Overview. *Chem. Rev.*, 110(1) :111, 2010.

[125] C. S. Hwang. Atomic Layer Deposition for Microelectronic Applications. *Atomic Layer Deposition of Nanostructured Materials*, page 159, 2011.

[126] M. Knez, K. Nielsch, and L. Niinistö. Synthesis and Surface Engineering of Complex Nanostructures by Atomic Layer Deposition. *Adv. Mater.*, 19(21) :3425, 2007.

[127] X. Chen, M. Knez, A. Berger, K. Nielsch, U. Gosele, and M. Steinhart. Formation of Titania/Silica Hybrid Nanowires Containing Linear Mesocage Arrays by Evaporation-Induced Block-Copolymer Self-Assembly and Atomic Layer Deposition. *Angew. Chem. Int. Ed.*, 46(36) :6829, 2007.

[128] Y. Qin, Y. Kim, L. Zhang, S.-M. Lee, R. B. Yang, A.L. Pan, K. Mathwig, M. Alexe, U. Gosele, and M. Knez. Preparation and Elastic Properties of Helical Nanotubes Obtained by Atomic Layer Deposition with Carbon Nanocoils as Templates. *Small*, 6(8) :910, 2010.

[129] D. Gu, H. Baumgart, T. M. Abdel-Fattah, and G. Namkoong. Synthesis of Nested Coaxial Multiple-Walled Nanotubes by Atomic Layer Deposition. *ACS Nano*, 4(2) :753, 2010.

[130] Y. Qin, A. Pan, L. Liu, R. B. Moutanabbir, O.and Yang, and M. Knez. Atomic layer deposition assisted template approach for electrochemical synthesis of au crescent-shaped half-nanotubes. *ACS Nano*, 5(2) :788, 2011.

[131] J. Shi, C. Sun, M. B. Starr, and X. Wang. Growth of Titanium Dioxide Nanorods in 3D-Confined Spaces. *Nano Lett.*, 11(2) :624, 2011.

[132] J.-S. Na, B. Gong, G. Scarel, and G. N. Parsons. Surface Polarity Shielding and Hierarchical ZnO Nano-Architectures Produced Using Sequential Hydrothermal Crystal Synthesis and Thin Film Atomic Layer Deposition. *ACS Nano*, 3(10) :3191, 2009.

[133] Q. Peng, Y.-C. Tseng, S. B. Darling, and J. W. Elam. Nanoscopic Patterned Materials with Tunable Dimensions via Atomic Layer Deposition on Block Copolymers. *Advanced Materials*, 22(45) :5129, 2010.

[134] Y. Qin, S.-M. Lee, A. Pan, U. Gosele, and M. Knez. Rayleigh-Instability-Induced Metal Nanoparticle Chains Encapsulated in Nanotubes Produced by Atomic Layer Deposition. *Nano Lett.*, 8(1) :114, 2008.

[135] Y. Yang, D. S. Kim, M. Knez, R. Scholz, A. Berger, E. Pippel, D. Hesse, U. Gosele, and M. Zacharias. Influence of Temperature on Evolution of Coaxial ZnO/Al2O3 One-Dimensional Heterostructures : From Core-Shell Nanowires to Spinel Nanotubes and Porous Nanowires. *J. Phys. Chem. C*, 112(11) :4068, 2008.

[136] Y. Tung Chong, D. Gorlitz, S. Martens, M. Y. E. Yau, S. Allende, J. Bachmann, and K. Nielsch. Multilayered Core/Shell Nanowires Displaying Two Distinct Magnetic Switching Events. *Adv. Mater.*, 22(22) :2435, 2010.

[137] J. Lu, J. W. Elam, and P. C. Stair. Synthesis and Stabilization of Supported Metal Catalysts by Atomic Layer Deposition. *Acc. Chem. Res.*, 2013. doi : 10.1021/ar300229c.

[138] F. Raimondi, G.r G. Scherer, R. Kötz, and A. Wokaun. Nanoparticles in Energy Technology : Examples from Electrochemistry and Catalysis. *Angew. Chem. Int. Ed.*, 44(15) : 2190, 2005.

[139] M. M. Biener, J. Biener, A. Wichmann, A. Wittstock, T. F. Baumann, M. Bäumer, and A. V. Hamza. ALD Functionalized Nanoporous Gold : Thermal Stability, Mechanical Properties, and Catalytic Activity. *Nano Lett.*, 11(8) :3085, 2011.

[140] J. A. Enterkin, W. Setthapun, J. W. Elam, S. T. Christensen, F. A. Rabuffetti, L. D. Marks, P. C. Stair, K. R. Poeppelmeier, and C. L. Marshall. Propane Oxidation over Pt/SrTiO$_3$ Nanocuboids. *ACS Catal.*, 1(6) :629, 2011.

[141] H. Feng, J.W. Elam, J.A. Libera, M.J. Pellin, and P.C. Stair. Oxidative dehydrogenation of cyclohexane over alumina-supported vanadium oxide nanoliths. *Journal of Catalysis*, 269(2) :421, 2010.

[142] I. D. Scott, Y. S. Jung, A. S. Cavanagh, Y. Yan, A. C. Dillon, S. M. George, and S.-H. Lee. Ultrathin Coatings on Nano-LiCoO$_2$ for Li-Ion Vehicular Applications. *Nano Lett.*, 11(2) :414, 2011.

[143] Y. S. Jung, A. S. Cavanagh, L. A. Riley, S.-H. Kang, A. C. Dillon, M. D. Groner, S. M. George, and S.-H. Lee. Ultrathin Direct Atomic Layer Deposition on Composite Electrodes for Highly Durable and Safe Li-Ion Batteries. *Adv. Mater.*, 22(19) :2172, 2010.

[144] J. Antson T. Suntola. Patent 52 359, Finland, september 10th. *Patent*, 1977.

[145] G. I. Grigorov, K. G. Grigorov, M. Stoyanova, J. L. Vignes, J. P. Langeron, and P. Denjean. Aluminium diffusion in titanium nitride films. Efficiency of TiN barrier layers. *Appl. Phys. A*, 57(2) :195, 1993.

[146] H. C.M. Knoops, L. Baggetto, E. Langereis, M. C.M. van de Sanden, J. H. Klootwijk, F. Roozeboom, R. A.H. Niessen, P. H.L. Notten, and W. M.M. Kessels. Deposition of TiN and TaN by Remote Plasma ALD for Cu and Li Diffusion Barrier Applications. *J. Electrochem. Soc.*, 155(12) :G287, 2008.

[147] Y.-S. Kim, H. Jeon, and Y. D. Kim. Atomic-Layer Chemical-Vapor-Deposition of TiN thin films on Si(100) and Si(111). *J. Korean Phys. Soc.*, 37(6) :1045, 2000.

[148] D.M. Devia, E. Restrepo-Parra, and P.J. Arango. Comparative study of titanium carbide and nitride coatings grown by cathodic vacuum arc technique. *Appl. Surf. Sci.*, 258(3) : 1164, 2011.

[149] A. W. Groenland, R. A. M. Wolters, A. Y. Kovalgin, and J Schmitz. A difference in using atomic layer deposition or physical vapour deposition TiN as electrode material in metal-insulator-metal and metal-insulator-silicon capacitors. *J. Nanosci. Nanotechnol.*, 11 :8368, 2011.

[150] K.L. Choy. Chemical vapour deposition of coatings. *Prog. Mater Sci.*, 48(2) :570, 2003.

[151] H. Tiznado and F. Zaera. Surface chemistry in the atomic layer deposition of TiN films from $TiCl_4$ and ammonia. *J. Phys. Chem. B*, 110 :13491, 2006.

[152] M. Ritala, M. Leskelä, E. Rauhala, and P. Haussalo. Atomic Layer Epitaxy Growth of TiN Thin Films. *J. Electrochem. Soc.*, 142(8) :2731, 1995.

[153] J.-Y. Kim, G.-H. Choi, Y.-D. Kim, Y. Kim, and H. Jeon. Comparison of TiN Films Deposited Using Tetrakisdimethylaminotitanium and Tetrakisdiethylaminotitanium by the Atomic Layer Deposition Method. *Japanese J. Appl. Phys.*, 42(Part 1, No. 7A) :4245, 2003.

[154] J. Musschoot, Q. Xie, D. Deduytsche, S. Van den Berghe, R.L. Van Meirhaeghe, and C. Detavernier. Atomic layer deposition of titanium nitride from TDMAT precursor. *Microelectron. Eng.*, 86(1) :72, 2009.

[155] S. Jeon and S. Park. Tunable Work-Function Engineering of TiCï£¡TiN Compound by Atomic Layer Deposition for Metal Gate Applications. *J. Electrochem. Soc.*, 157(10) : H930, 2010.

[156] H. K. Kim, Kim J. Y., Park J. Y., Y. Kim, Y.-D. Kim, and H. Jeon. Metalorganic atomic layer deposition of TiN thin films using TDMAT and NH$_3$. *J. Korean Phys. Soc.*, 41(5) : 739, 2002.

[157] L. Assaud, M. Hanbücken, and L. Santinacci. Atomic Layer Deposition of TiN/Al$_2$O$_3$/TiN Nanolaminates for Capacitor Applications. *ECS Trans.*, 50(13) :151, 2013.

[158] T. B. Massalski, H. Okamoto, P. R. Subramanian, and L. Kacprzak. Binary alloy phase diagrams. *ASM International*, 3, 1990.

[159] R. Benaboud. Etude thermodynamique et élaboration de dépôts métalliques (W-N-C, Ti-N-C) par PEALD pour la réalisation de capacités MIM dans les circuits intégrés . *Thèse de doctorat*, 2009.

[160] J.W Elam, M Schuisky, J.D Ferguson, and S.M George. Surface chemistry and film growth during TiN atomic layer deposition using TDMAT and NH$_3$. *Thin Solid Films*, 436(2) : 145, 2003.

[161] http ://www.uksaf.org/software.html.

[162] D. Jaeger and J. Patscheider. A complete and self-consistent evaluation of XPS spectra of TiN. *Journal of Electron Spectroscopy and Related Phenomena*, 185(11) :523, 2012.

[163] P.K. Barhai, N. Kumari, I. Banerjee, S.K. Pabi, and S.K. Mahapatra. Study of the effect of plasma current density on the formation of titanium nitride and titanium oxynitride thin films prepared by reactive DC magnetron sputtering. *Vacuum*, 84(7) :896, 2010.

[164] M. Krawczyk, W. Lisowski, J. W. Sobczak, A. Kosinski, and A. Jablonski. Studies of the hot-pressed TiN material by electron spectroscopies. *J. Alloys Compd.*, 546 :280, 2013.

[165] Y.-W. Kim and D.-H. Kim. Atomic layer deposition of TiO$_2$ from tetrakis-dimethylamido-titanium and ozone. *Korean J. Chem. Eng.*, 29(7) :969, 2012.

[166] J.-W. Lim, H.-S. Park, and S.-W. Kang. Kinetic Modeling of Film Growth Rate in Atomic Layer Deposition. *J. Electrochem. Soc.*, 148(6) :C403, 2001.

[167] D. M. Hausmann, E. Kim, J. Becker, and R. G. Gordon. Atomic Layer Deposition of Hafnium and Zirconium Oxides Using Metal Amide Precursors. *Chem. Mater.*, 14(10) : 4350, 2002.

[168] Li-Feng Zhang, Hui Xu, Qiu-Xiang Zhang, Shi-Jin Ding, and David Wei Zhang. Reactively sputtered HfO_2 and $Ba(Zr_{0.2}Ti_{0.8})O_3$-HfO_2 dielectrics for metalÐinsulatorÐmetal capacitor applications. *Microelectron. Eng.*, 106 :96, 2013.

[169] T.P. Smirnova, L.V. Yakovkina, V.O. Borisov, V.N. Kichai, V.V. Kaichev, and V.V. Kriventsov. Structure of HfO_2 films and binary oxides on its base. *J. Struct. Chem.*, 53(4) : 708, 2012.

[170] R. Rammula, J. Aarik, H. Mandar, P. Ritslaid, and V. Sammelselg. Atomic layer deposition of HfO_2 : Effect of structure development on growth rate, morphology and optical properties of thin films. *Appl. Surf. Sci.*, 257(3) :1043, 2010.

[171] M.-H. Cho, Y. S. Roh, C. N. Whang, K. Jeong, S. W. Nahm, D.-H. Ko, J. H. Lee, N. I. Lee, and K. Fujihara. Thermal stability and structural characteristics of HfO_2 films on Si (100) grown by atomic-layer deposition. *Appl. Phys. Lett.*, 81(3) :472, 2002.

[172] Y. S. Kang, D. K. Kim, K. S. Jeong, M. H. Cho, C. Y. Kim, K. B. Chung, H. Kim, and D. C. Kim. Structural evolution and the control of defects in atomic layer deposited HfO_2-Al_2O_3 stacked films on GaAs. *Microelectron. Eng.*, 5(6) :1982, 2013.

[173] M. Bocquet. Intégration de matériaux à forte permittivité électrique dans les m'emoires non-volatiles pour les g'en'erations sub-45nm. *Thèse de doctorat*, 2009.

[174] Z. Liu, L. Hong, M. P. Tham, T. H. Lim, and H. Jiang. Nanostructured Pt/C and Pd/C catalysts for direct formic acid fuel cells. *J. Power Sources*, 161(2) :831, 2006.

[175] L. Yang, H. Su, T. Shu, and S. Liao. Enhanced electro-oxidation of formic acid by a PdPt bimetallic catalyst on a CeO_2-modified carbon support. *Sci. China Chem.*, 55 :391, 2012.

[176] S.Y. Shen, T.S. Zhao, J.B. Xu, and Y.S. Li. Synthesis of PdNi catalysts for the oxidation of ethanol in alkaline direct ethanol fuel cells. *J. Power Sources*, 195(4) :1001, 2010.

[177] C.-J. Zhong, J. Luo, B. Fang, B. N. Wanjala, P. N. Njoki, R. Loukrakpam, and J. Yin. Nanostructured catalysts in fuel cells. *Nanotechnol.*, 21 :62001, 2010.

[178] S. Haukka, E. L. Lakomaa, and T. Suntola. Adsorption and its Applications in Industry and Environmental Protection. *Stud. Surf. Sci. Catal.*, 120A :715, 1999.

[179] J. W. Elam, N. P. Dasgupta, and F. B. Prinz. ALD for clean energy conversion, utilization, and storage. *MRS Bulletin*, 36(11) :899, 2011.

[180] X. Liang, L.B. Lyon, Y.-B. Jiang, and A.W. Weimer. Scalable synthesis of palladium nanoparticle catalysts by atomic layer deposition. *J. Nanopart. Res.*, 14 :1, 2012.

[181] A. Binder and M. Seipenbusch. Stabilization of supported Pd particles by the application of oxide coatings. *Appl. Catal. A*, 396 :1, 2011.

[182] E. Rikkinen, A. Santasalo-Aarnio, S. Airaksinen, M. Borghei, V. Viitanen, J. Sainio, E. I. Kauppinen, T. Kallio, and A. O. I. Krause. Atomic Layer Deposition Preparation of Pd Nanoparticles on a Porous Carbon Support for Alcohol Oxidation. *J. Phys. Chem. C*, 115 (46) :23067, 2011.

[183] H. Feng, J. A. Libera, P. C. Stair, J. T. Miller, and J. W. Elam. Subnanometer Palladium Particles Synthesized by Atomic Layer Deposition. *ACS Catal.*, 1(6) :665, 2011.

[184] Y.-X. Chen, A. Lavacchi, S.-P. Chen, F. Di Benedetto, M. Bevilacqua, C. Bianchini, P. Fornasiero, M. Innocenti, M. Marelli, W. Oberhauser, S.-G. Sun, and F. Vizza. Electrochemical Milling and Faceting : Size Reduction and Catalytic Activation of Palladium Nanoparticles. *Angew. Chem. Int. Ed.*, 51(34) :8500, 2012.

[185] D. Ruffer, R. Huber, P. Berberich, S. Albert, E. Russo-Averchi, M. Heiss, J. Arbiol, A. Fontcuberta i Morral, and D. Grundler. Magnetic states of an individual Ni nanotube probed by anisotropic magnetoresistance. *Nanoscale*, 4 :4989, 2012.

[186] M. A. Peck and M. A. Langell. Comparison of Nanoscaled and Bulk NiO Structural and Environmental Characteristics by XRD, XAFS, and XPS. *Chem. Mater.*, 24(23) :4483, 2012.

[187] V. Miikkulainen, M. Leskela, M. Ritala, and R. L. Puurunen. Crystallinity of inorganic films grown by atomic layer deposition : Overview and general trends. *J. Appl. Phys.*, 113 (2) :021301, 2013.

[188] B. S. Lim and R. G. Gordon. Atomic layer deposition of transition metals. *Nat. Mater.*, 2(11) :749, 2003.

[189] J. Chae, H.-S. Park, and S.-W. Kang. Atomic Layer Deposition of Nickel by the Reduction of Preformed Nickel Oxide. *Electrochem. Solid-State Lett.*, 5(6) :C64, 2002.

[190] J. Bachmann, A. Zolotaryov, O. Albrecht, S. Goetze, A. Berger, D. Hesse, D. Novikov, and N. Kornelius. Stoichiometry of Nickel Oxide Films Prepared by ALD. *Chem. Vap. Deposition*, 17 :177, 2011.

[191] A. B. F. Martinson, M. J. DeVries, J. A. Libera, S. T. Christensen, J. T. Hupp, M.l J. Pellin, and J. W. Elam. Atomic Layer Deposition of Fe_2O_3 Using Ferrocene and Ozone. *J. Phys. Chem. C*, 115(10) :4333, 2011.

[192] J.W. Elam, A. Zinovev, C.Y. Han, H.H. Wang, U. Welp, J.N. Hryn, and M.J. Pellin. Atomic layer deposition of palladium films on Al_2O_3 surfaces. *Thin Solid Films*, 515(4) : 1664, 2006.

[193] P. C. Stair. Advanced synthesis for advancing heterogeneous catalysis. *J. Chem. Phys.*, 128(18) :182507, 2008.

[194] M. J. Weber, A. J. M. Mackus, M. A. Verheijen, C. van der Marel, and W. M. M. Kessels. Supported Core/Shell Bimetallic Nanoparticles Synthesis by Atomic Layer Deposition. *Chem. Mater.*, 24(15) :2973, 2012.

[195] C. T. Campbell. Ultrathin metal films and particles on oxide surfaces : structural, electronic and chemisorptive properties. *Surf. Sci. Rep.*, 27(1-3) :1, 1997.

[196] R. Li, Z. Wei, T. Huang, and A. Yu. Ultrasonic-assisted synthesis of PdNi alloy catalysts supported on multi-walled carbon nanotubes for formic acid electrooxidation. *Electrochim. Acta*, 56(19) :6860, 2011.

[197] L. Ma, D. Chu, and R. Chen. Comparison of ethanol electro-oxidation on Pt/C and Pd/C catalysts in alkaline media. *Int. J. Hydrogen Energy*, 37(15) :11185, 2012.

[198] A. Jaroenworaluck, D. Regonini, C.R. Bowen, and R. Stevens. A microscopy study of the effect of heat treatment on the structure and properties of anodised TiO_2 nanotubes. *Appl. Surf. Sc.*, 256(9) :2672, 2010.

[199] X.-M. Wang and Y.-Y. Xia. The influence of the crystal structure of TiO_2 support material on Pd catalysts for formic acid electrooxidation. *Electrochim. Acta*, 55(3) :851, 2010.

[200] G. D. Sulka. Fuel cell systems explained. *Wiley-VCH, Weinheim, Germany*, 2008.

[201] W. Siripala, A. Ivanovskaya, T. F. Jaramillo, S.-H. Baeck, and E. W. Mc Farland. A Cu_2O/TiO_2 heterojunction thin film cathode for photoelectrocatalysis. *Sol. Energy Mater. Sol. Cells*, 77(3) :229, 2003.

[202] L. Xu, H. Xu, S. Wu, and X. Zhang. Synergy effect over electrodeposited submicron Cu_2O films in photocatalytic degradation of methylene blu. *Appl. Surf. Sci.*, 258(11) :4934, 2012.

[203] Y. Hou, X. Y. Li, Q. D. Zhao, X. Quan, and G. H. Chen. Fabrication of Cu_2O/TiO_2 nanotube heterojunction arrays and investigation of its photoelectrochemical behavior. *Appl. Phys. Lett.*, 95(9) :093108, 2009.

[204] D. Li, C.-J. Chien, S. Deora, P.-C. Chang, E. Moulin, and J. G. Lu. Prototype of scalable core-shell Cu_2O/TiO_2 solar cell. *Chem. Phys. Lett.*, 501(4) :446, 2011.

[205] S. Zhang, S. Zhang, F. Peng, H. Zhang, H. Liu, and H. Zhao. Electrodeposition of polyhedral Cu_2O on TiO_2 nanotube arrays for enhancing visible light photocatalytic performance. *Electrochem. Commun.*, 13(8) :861, 2011.

[206] P. Poizot, C.-J. Hung, M. P. Nikiforov, E. W. Bohannan, and J.A. Switzer. An Electrochemical Method for CuO Thin Film Deposition from Aqueous Solution. *Electrochem. Solid State Lett.*, 6(2) :C21, 2003.

[207] P. E. De Jongh, D. Vanmaekelbergh, and J. J. Kelly. Cu_2O Electrodeposition and Characterization. *Chem. Mater.*, 11(12) :3512, 1999.

[208] J. M. Macak, B. G. Gong, M. Hueppe, and P. Schmuki. Filling of TiO_2 Nanotubes by Self-Doping and Electrodeposition. *Adv. Mater.*, 19 :3027, 2007.

[209] E. Moyen, L. Santinacci, L. Masson, H. Sahaf, M. Mace, L. Assaud, and M. Hanbücken. Anodic 3D nanostructuring for tailored applications. *Int. J. Nanotechnol.*, 9(3) :246, 2012.

[210] L. Assaud, V. Heresanu, M. Hanbucken, and L. Santinacci. Fabrication of p/n heterojunctions by electrochemical deposition of Cu_2O onto TiO_2 nanotubes. *C. R. Chimie*, 16(1) : 89, 2013.

[211] T. D. Golden, M. G. Shumsky, Y. Zhou, R. A. VanderWerf, R. A. Van Leeuwen, and Jay A. Switzer. Electrochemical Deposition of Copper(I) Oxide Films. *Chem. Mater.*, 8 (10) :2499, 1996.

[212] L. Wu, L.-K. Tsui, N Swami, and G. Zangari. Photoelectrochemcial stability fo electrodeposited Cu_2O films. *J. Phys. Chem. C*, 114(26) :11551, 2010.

[213] P. Vanýsek. Handbook of Chemistry and Physics : 77th Edition. 1996.

[214] S. Andrieu and P. Müller. Les surfaces solides : concepts et méthodes. *CNRS Editions*, 2005.

Oui, je veux morebooks!

i want morebooks!

Buy your books fast and straightforward online - at one of world's fastest growing online book stores! Environmentally sound due to Print-on-Demand technologies.

Buy your books online at
www.get-morebooks.com

Achetez vos livres en ligne, vite et bien, sur l'une des librairies en ligne les plus performantes au monde!
En protégeant nos ressources et notre environnement grâce à l'impression à la demande.

La librairie en ligne pour acheter plus vite
www.morebooks.fr

 VDM Verlagsservicegesellschaft mbH
Heinrich-Böcking-Str. 6-8   Telefon: +49 681 3720 174   info@vdm-vsg.de
D - 66121 Saarbrücken   Telefax: +49 681 3720 1749 www.vdm-vsg.de

Printed by Books on Demand GmbH, Norderstedt / Germany